M 材料研究与应用丛书

焊缝延寿工艺
及微焊点可靠性研究

Research on Life Improvement of Welding Joint and Reliability of Microsolder Joints

李雪梅 著

哈尔滨工业大学出版社
HARBIN INSTITUTE OF TECHNOLOGY PRESS

内 容 简 介

焊接是生产中常用的连接方式,焊缝处组织性能不均匀会导致接头服役性能下降,因此焊缝的可靠性一直是国内外的研究热点。本书主要围绕铁路货车用钢 Q450NQR1 焊缝延寿工艺及机理研究,电—热耦合作用下焊点可靠性研究进行论述。本书第一篇介绍了现有的焊缝延寿技术的研究现状,并开展了 TIG 重熔及振动焊接在铁路货车用钢 Q450NQR1 焊缝延寿效果的研究;第二篇以无铅钎料 SAC305 为主要研究对象,研究了电—热耦合作用下元素扩散行为及电迁移规律。

本书可为焊接领域及微电子封装领域的科研工作者和技术人员提供参考。

图书在版编目(CIP)数据

焊缝延寿工艺及微焊点可靠性研究/李雪梅著. —
哈尔滨:哈尔滨工业大学出版社,2024.6(2024.11 重印)
(材料研究与应用丛书)
ISBN 978-7-5767-1398-5

Ⅰ.①焊… Ⅱ.①李… Ⅲ.①焊缝—焊接工艺—研究
Ⅳ.①TG441.3

中国国家版本馆 CIP 数据核字(2024)第 096193 号

策划编辑 许雅莹
责任编辑 谢晓彤
封面设计 刘 乐
出版发行 哈尔滨工业大学出版社
社 址 哈尔滨市南岗区复华四道街 10 号 邮编 150006
传 真 0451-86414749
网 址 http://hitpress.hit.edu.cn
印 刷 哈尔滨圣铂印刷有限公司
开 本 720 mm×1 000 mm 1/16 印张 14.75 字数 257 千字
版 次 2024 年 6 月第 1 版 2024 年 11 月第 2 次印刷
书 号 ISBN 978-7-5767-1398-5
定 价 78.00 元

前　　言

　　焊接是生产中常用的连接方式,焊缝处组织性能不均匀会导致服役性能下降,因此,焊缝的可靠性一直是国内外的研究热点。本书主要围绕铁路货车用钢Q450NQR1 焊缝延寿工艺及机理研究,电－热耦合作用下焊点可靠性研究进行论述。

　　本书主要分为两篇。第 1～6 章为第一篇,以焊缝延寿技术需求为背景,介绍了现有的焊缝延寿技术的研究现状,并开展了 TIG 重熔及振动焊接在铁路货车用钢 Q450NQR1 焊缝延寿效果的研究,主要论述了 TIG 重熔对焊缝耐蚀性影响及振动焊接焊缝延寿机理,对比分析了 TIG 重熔前后焊接焊缝的应力集中系数、显微组织、在含氯离子酸性环境中的腐蚀行为,以及 TIG 重熔前后焊缝的腐蚀机理。基于试验和仿真,分析了振动焊接工艺参数对焊缝显微组织、力学性能、残余应力的影响规律,给出了适用于 Q450NQR1 典型试样的振动焊接工艺参数,为铁路货车焊缝延寿技术提供了一种新的工艺方法。第 7～12 章为第二篇,以无铅钎料 SAC305 为主要研究对象,研究了电－热耦合作用下元素扩散行为及电迁移规律,论述了电－热耦合作用下元素扩散规律及界面 IMC 生长演变规律,电－热耦合作用下固－液扩散与固－固扩散的区别与联系;论述了微焊点的几何尺寸(钎料层厚度、焊点体积、焊点高度)对热时效及电－热耦合时效过程的影响规律;建立了热时效及电－热耦合时效过程中 Cu 焊盘消耗及界面 IMC 生长的本构模型;对比了 SAC305、SAC0705、SAC0705－Bi、SAC0705－Ni 及SAC0705－Bi－Ni 五种钎料的电迁移性能,获得了无铅钎料中微量元素(Ag、Bi、Ni)对电迁移行为的影响规律。

　　本书强调系统性、统一性、新颖性的同时,章节之间又保持相对独立性。本书概念清楚、图文并茂、由浅入深,具备材料加工基础的读者即可入门。

　　书中部分彩图以二维码的形式随文编排,如有需要可扫码阅读。

　　本书可为焊接领域及微电子封装领域的科研工作者和技术人员提供参考。

　　作者从事焊缝延寿工艺及微电子封装焊点可靠性研究多年,本书整理了作者近年来的研究结果，以及国内外同行的研究成果。感谢黑龙江省省属高等学校基本科研业务费科研项目（145109123 及 145309614）的支持；感谢在本书撰写过程中研究生刘洋、郭宇欣、李程、王大为在试验、仿真及结果分析过程的付出。书中部分插图引自公开发表的文献，在这里对原作者致谢。

　　由于作者水平有限，书中疏漏和不足之处在所难免，敬请读者批评指正。

作　者

2024 年 1 月

目　　录

第一篇　铁路货车用钢 Q450NQR1 焊缝延寿工艺及机理研究

本篇以铁路货车常用钢种 Q450NQR1 高强度耐候钢熔化极活性气体保护焊（metal active gas arc welding，MAG 焊）的焊缝为研究对象，主要开展以下研究。

（1）在 Q450NQR1 高强度耐候钢 MAG 焊的基础上进行了焊趾非熔化极惰性气体保护焊（tungsten inert gas welding，TIG 重熔），研究了焊趾 TIG 重熔对 Q450NQR1 高强度耐候钢焊缝组织、应力集中系数及力学性能的影响；以铁路货车的服役环境为研究背景，对比分析了重熔前后焊缝在含氯离子酸性环境中的腐蚀行为，从耐腐蚀性的角度评价了 TIG 重熔对焊缝延寿效果的影响。

（2）以焊中延寿技术需求为背景，将振动焊接技术应用于 Q450NQR1 高强度耐候钢焊接结构中。以振动焊接（MAG 焊＋机械振动）获得的 Q450NQR1 高强度耐候钢对接接头为主要研究对象，以振动焊接工艺参数为主要变量，以焊后焊缝的组织结构、应力状态及力学性能为主要评价指标，研究了适用于 Q450NQR1 的振动焊接工艺，揭示了机械振动对焊缝显微组织及力学性能的影响机理，进而揭示了振动焊接疲劳延寿机理。

（3）采用试验与仿真结合的研究方法，基于 ANSYS Workbench 对振动焊接过程进行了模拟仿真，并依据振动焊接试验，测定了焊后残余应力，验证了模型合理程度。设计正交试验，进一步探究了振动焊接中振动参数对焊缝残余应力的影响规律，对振动焊接参数进行了优化，为振动焊接的实际工程应用提供了理论依据。

第1章　焊缝延寿工艺研究背景

随着铁路货车向高速、重载方向发展,铁路货车车体及运行过程中的关键零部件承受的载荷和冲击次数大幅增加。焊接结构凭借设计灵活性大、强度高等优势,被作为铁路货车钢结构的主要连接方式。然而,焊缝处的几何形状、成分、组织及性能存在不均匀性,且焊接的局部加热和冷却过程导致焊接残余应力存在[1-3],这些都将使动载荷作用下的焊缝成为焊接结构的薄弱环节。焊缝的疲劳寿命直接影响铁路货车的疲劳寿命及行车安全。因此,如何提高焊缝的抗疲劳能力,延长焊缝寿命已经成为焊接工程中关系焊接结构服役安全亟待解决的科学和技术问题。

铁路货车关键承载结构(中梁、枕梁、转向架等)多为大型焊接结构,在焊接过程中,不可避免地会产生未焊透、夹渣、气孔、热裂纹和成形不良等缺陷,这些缺陷的存在将大幅降低结构的承载能力、疲劳寿命及耐腐蚀性[4]。焊缝在设计寿命内过早发生破坏,不仅增加了货车的检修费用,还严重危及行车安全。铁路货车焊缝失效一直是影响铁路运输安全的重要技术问题,延长焊缝的疲劳寿命对铁路货车具有十分重要的工程意义。

1.1　影响焊缝疲劳寿命的主要因素

1.1.1　焊缝疲劳强度

由于焊接过程自身固有的特点,因此,焊缝焊跟及焊趾处往往会存在未熔合、未焊透、过渡不平滑等问题[5-6]。此外,焊接过程的局部加热及冷却过程在焊缝处将产生残余拉应力[7-8]。焊接缺陷处与焊缝尺寸变化处的应力集中及焊缝处的拉应力等作用,导致焊缝的疲劳强度低于母材金属的疲劳强度[9-10]。焊缝的疲劳强度决定着焊接结构的疲劳强度,关系着焊接结构使用的安全性。因此,提高和改善焊缝疲劳强度是国内外研究的热点课题。

1.1.2　影响焊缝疲劳强度的因素

研究表明,结构的疲劳强度在很大程度上取决于结构中的应力集中和残余应力的性质与分布情况。在焊接结构中,不合理的结构设计、接头形式和焊接过程中产生的各种缺陷都是产生应力集中的主要原因,所以焊接结构中的疲劳破坏大多起裂于焊缝[11-12]。

焊缝应力集中系数对焊缝疲劳强度有较大影响。Yamaguchi 等人研究了对接接头焊趾过渡角对焊缝疲劳强度的影响,研究结果表明,增加焊缝的余高及减小过渡角,都会使焊趾处应力集中系数提高,从而引起疲劳强度的下降。Sander 等人的研究结果同样表明,焊趾处过渡半径对接头疲劳强度具有重要影响。T 形接头和十字形接头由于焊缝向母材金属过渡处截面变化明显,焊趾与焊跟处会产生较大的应力集中,接头处的疲劳强度比较低。

焊接缺陷的存在将降低焊缝的疲劳强度。焊接时,不可避免地产生各种缺陷,缺陷的存在使结构的截面发生突然改变,或出现尖锐缺口,这将产生较严重的应力集中。焊接缺陷的种类、尺寸、方向和位置会对疲劳强度产生不同的影响,使疲劳强度下降。在各种缺陷中,裂纹尖端会形成非常尖锐的缺口,造成严重的缺口效应,应力集中程度最严重,即当同样缺陷位于板表面时,其影响比位于板内部更为严重。

焊接残余应力对焊缝疲劳强度有较大影响。由于焊接时加热及冷却的不同步及焊接结构中试样本身及外部对焊板施加的约束,焊接残余应力是焊接结构特有的特征。焊接残余应力在焊缝及焊缝附近为拉应力,而在钢结构中,残余拉应力一般会达到其屈服极限。现有的研究结果表明,具有较高拉伸残余应力水平的试样,其疲劳强度低于残余应力水平较低的试样;具有压缩残余应力的试样,其疲劳强度高于无残余应力和具有拉伸残余应力的试样。而在应力集中系数较高的情况下,拉伸残余应力对疲劳强度的不利影响更大。

焊缝的服役环境对焊接结构疲劳寿命有较大影响,腐蚀环境会导致焊接结构出现均匀腐蚀和点蚀,腐蚀产生的蚀坑一般为疲劳裂纹的萌生位置。因此,腐蚀环境下焊缝的力学性能将大幅度下降。Albrecht 等人对大气暴露多年的耐候钢的疲劳性能进行研究,研究发现,大气暴露 2 年和 4 年的耐候钢的疲劳寿命降低高达 22%[13],对自动埋弧焊获得的 A588 耐候钢横向加劲肋进行了大气暴露 3 年、交替暴露 3 年和交替暴露 8 年的疲劳寿命试验,研究表明,腐蚀试样的疲劳寿命比未腐蚀分别降低了 42％、42％和 54％，疲劳寿命的降低主要由于腐蚀导致点蚀引起应力集中[14]。Albrecht 等人认为耐候钢疲劳寿命的降低是由点蚀造成的[15]。Yazdani 等人对现有的文献进行分析，对比了钢材在空气中和水中的疲劳裂纹扩展速率，结果表明，水中钢材的疲劳裂纹扩展速率约为空气中的 2 倍[16]。Albrecht 等人的研究发现，与未腐蚀试样相比，A588 耐候钢的疲劳寿命在水中和 3％盐水中均大幅下降[17]。

1.2 焊后延寿工艺研究现状

焊缝处会存在焊接缺陷及残余应力，使焊接构件很容易发生故障，而故障往往发生在焊趾部位[18-21]。焊接结构疲劳性能较低主要由焊缝处应力集中、焊接缺陷和残余拉应力等多方面因素共同作用所致。在焊接过程中或焊后，采用工艺措施减少焊接缺陷、改善焊缝几何外形、调整残余应力可提高焊缝的抗疲劳能力[22-23]。目前，研究者对焊接构件的疲劳断裂过程及疲劳失效机理进行了大量研究，在此基础上研发了多种焊缝延寿工艺。焊缝延寿方法主要分为两类：第一类，通过改善焊缝的几何形状，增人焊缝边缘与母材的过渡半径，降低焊缝应力集中程度来延长焊缝的疲劳寿命，主要有焊趾打磨、TIG 重熔和激光重熔等[24]；第二类，调整焊缝残余应力场，主要指通过应用机械能将对焊缝疲劳强度有害的残余拉应力降低，并引入对疲劳强度有益的残余压应力，从而延长焊缝的使用寿命[25]，主要包括锤击、超声冲击等。

目前工业上常用的焊缝延寿处理技术主要是对焊缝进行焊后处理，如焊趾打磨、TIG 重熔、超声冲击、焊后热处理等。其中，TIG 重熔、焊趾打磨及锤击在实际应用过程中最为成功，已被陆续列入美国焊接学会（AWS）、国际焊接学会（IIW）、挪威船级社（DNV）等国际权威机构的疲劳设计规范[26]。

1.2.1 焊趾打磨

焊趾打磨的原理是焊趾处存在夹杂和微裂纹等缺陷，当部件承受循环载荷时，这些缺陷就会引起裂纹，而裂纹发生阶段则是试样断裂过程中需要时间最长的阶段，最终将会导致试样焊接失效。对焊接件进行焊趾打磨，可以增加焊趾和母材之间的过渡半径，并有效去除夹杂物、微裂纹和其他缺陷，从而延长焊接构件的使用寿命[27]。

　　焊趾打磨设备灵活性大,在实际生产中被广泛应用。焊趾打磨的优点是操作要求低、成本效益高;缺点是打磨效率低、工作量大、自动化程度低[28]。对于一些特殊的焊缝结构,焊趾打磨并不适用,既不能保证表面完全光滑,又有可能通过焊趾打磨留下的划痕产生应力集中,影响焊缝的疲劳寿命。所以,焊趾打磨的过程通常与抛光过程相结合,打磨造成的表面缺陷可以通过抛光过程减少或消除这些应力集中。焊趾打磨过程中,砂轮粒度、打磨的线速度、打磨深度、打磨方向均会对打磨处理后焊缝表层的材料组织、残余应力、应力集中系数产生影响,进而会影响打磨处理后的焊缝疲劳强度[29-30]。

　　为了获得较好的打磨效果,IIW 对打磨方向、打磨砂轮转速、打磨深度等参数给出了相关规定。打磨工具转速为 15 000~40 000 r/min;厚度为 10~50 mm 中厚板推荐选择的磨头直径为 10~25 mm;打磨区域的最小直径应大于 0.25 倍板厚(t);打磨深度 d 与缺陷底部距离应≥0.5 mm,在满足要求前提下,尽量采用较小打磨深度。板厚 t≤40 mm 时,最大打磨深度不超过 7% 板厚,且最大打磨深度应小于 2 mm;而板厚 t>40 mm 时,打磨深度应不大于 3 mm;打磨角焊缝时,表面打磨距离 W≥1/2L(L 为焊脚尺寸)。焊趾打磨工艺过程及工艺参数如图 1.1 所示。

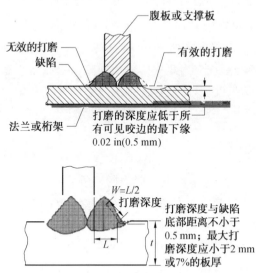

图 1.1　焊趾打磨工艺过程及工艺参数

in—英寸,1 in = 2.54 cm

　　此外,IIW 对焊趾打磨细节提出了一些要求,其要求可大致概括为打磨前、打磨中和打磨后三个部分。打磨前,需采用钢丝刷将焊缝表面金属熔渣清理干净;打磨中,垂直受力方向的打磨将降低焊缝的疲劳强度,打磨方向应与受力方向一致;打磨后,打磨划痕将引起应力集中,成为疲劳裂纹的起裂位置,对疲劳性能不利,打磨后进行抛光可减少或消除划痕产生的应力集中对疲劳性能的影响。焊趾打磨后疲劳裂纹的断面图和俯视图如图 1.2 所示。

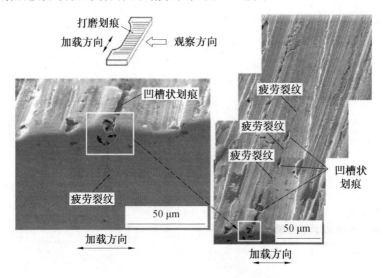

图 1.2　焊趾打磨后疲劳裂纹的断面图和俯视图

何柏林等人[31]对动车组转向架用 SMA490BW 钢的焊缝进行打磨处理,打磨后试样的表面光滑,具有金属光泽,机械打磨增大了焊趾过渡半径,去除了咬边、凹坑、微裂纹等容易形成应力集中的表面缺陷。对原始焊态及机械打磨后的焊缝进行疲劳试验,结果发现,原始焊态接头的平均疲劳寿命约为 0.252×10^7 周次,经机械打磨后,疲劳寿命可提高至 1.232×10^7 周次,提高约 5 倍。

1.2.2　TIG 重熔

TIG 重熔是 20 世纪 70 年代发展起来的一种焊后处理工艺,主要用于提高焊缝的疲劳强度,延长焊缝疲劳寿命[32-33]。角焊缝 TIG 重熔如图 1.3 所示,该工艺是以钨电极电弧为热源,对焊缝焊趾处进行 TIG 重熔,形成均匀的重熔层,使焊缝与母材之间的表面实现圆滑过渡,降低焊趾处的应力集中系数,并消除焊缝缺陷,从而提高焊缝的强度、硬度及耐磨性[34-37]。与其他焊后工艺(焊趾打磨和锤击技术)相比,TIG 重熔具有简单、易于操作、价格低廉、没有噪声等优点。该工艺已经被 IIW 推荐用于提高焊接结构的疲劳强度和疲劳寿命,并已经在实际工业生产中广泛应用[38-39]。

H. Wohlfahrt、Th. Nitschke-Pagel 等人研究了喷丸强化处理和 TIG 重熔工艺对钢和铝合金焊缝性能的影响。研究表明,喷丸强化处理和 TIG 重熔工艺都

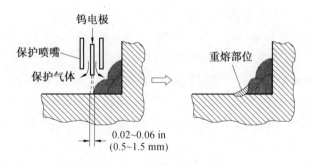

图 1.3　角焊缝 TIG 重熔

能够提高焊缝的疲劳强度和疲劳寿命,如果将这两种工艺进行复合,可以得到一种新焊接工艺,使焊缝的强度和疲劳寿命得到大幅度提高[40]。Horn 等人进行了 TIG 重熔提高 T 形接头疲劳强度的试验,结果表明,TIG 重熔在焊趾处形成圆滑过渡,增加了重熔区域的硬度,提高了 T 形焊缝的强度及疲劳寿命[41]。

姚鹏等人的研究表明,焊趾重熔区残余应力由拉应力转变为对疲劳强度有利的双向压应力,纵向与横向残余应力平均消除率分别达到 116% 和 158%[42]。天津大学王东坡、霍立兴等人采用国产低合金钢进行了大量 TIG 重熔试验,焊缝形式采用十字接头,分别对焊趾部位存在成形不良、表面夹渣、咬边等焊接缺陷的试样进行 TIG 重熔处理,并与没有焊接缺陷的试样进行对比试验。研究结果表明,与没有缺陷的焊缝相比,存在焊接缺陷的焊缝的疲劳强度及疲劳寿命明显降低,降低幅度为 10%～20%,经过 TIG 重熔处理,可以消除咬边等焊接缺陷且疲劳强度提高 70%,疲劳寿命提高 5～8 倍[43]。

李冬霞、贾宝春等人研究了 TIG 重熔对海洋石油钻井平台桩腿部位所使用的低合金钢角焊缝的影响,与未重熔的力学性能做对比,试验结果表明,选择合适的 TIG 重熔工艺参数,可以有效提高焊缝疲劳强度及疲劳寿命,疲劳强度可以提高约 189%,并且经过 TIG 重熔后的海洋石油钻井平台桩腿部位使用了 5 年仍无裂纹出现,远高于常规修复寿命。目前,TIG 重熔已经广泛应用于海洋平台,用于修复焊缝损伤和延长焊缝疲劳寿命,并取得良好效果[44]。

郭豪等人研究了 TIG 重熔在海洋平台和铁路桥梁焊缝的应用,结果表明,TIG 重熔可以提高焊缝的疲劳强度,桥梁疲劳寿命也得到了大幅度增加[45-46]。曲金光等人使用焊趾 TIG 重熔对 Q345 钢制吊车大梁角焊缝的焊趾处进行了 TIG 重熔处理,使焊缝的疲劳强度提高 43.7%[47]。

我国将焊趾 TIG 重熔应用于铁路货车转向架方面也做了许多研究工作,如赵建明等人对使用高强度耐候钢制成的转向架十字角接头进行了 TIG 重熔处理,使焊缝疲劳极限强度提高 40%[48]。李丙华、郝元生等人也研究了 TIG 重熔在转向架焊接构架制造中的应用,结果也表明,TIG 重熔可以在一定程度上改善焊缝的疲劳强度[49-50]。

　　TIG 重熔在焊缝疲劳延寿方面的应用已经成熟,目前已被列入 AWS、IIW、DNV 等国际权威机构的疲劳设计规范。IIW 推荐 TIG 重熔时应采用高热输入,加高的热输入在提高重熔效率的同时可使重熔过程中冷却速度降低,热影响区硬度较低。值得注意的是,当重熔电流过大,或重熔速度过小时,过大的热输入量将导致咬边及焊缝轮廓形状变差,最终影响 TIG 重熔的延寿效果。TIG 重熔过程中应保证原焊趾被完全重熔,否则将存在未重熔的焊趾区域,这将导致接头重熔后的疲劳性能与原始焊态相同。研究表明,重熔位置是影响重熔效果的关键,一般情况下,电弧中心与焊趾距离 0.5～1.5 mm 时,重熔效果较好,当电弧中心距焊趾距离过小或电弧中心位于焊趾上时,将导致新焊趾的形成,新焊趾的形成将降低 TIG 重熔对疲劳性能的改善效果。重熔位置的选择如图 1.4 所示。为了避免 TIG 重熔过程中起弧和收弧产生的焊道不良对重熔效果的影响,重熔起弧点与收弧点距离应为 6 mm,亦可将起弧点与收弧点设于焊道上。TIG 重熔起弧、收弧位置的选择如图 1.5 所示。

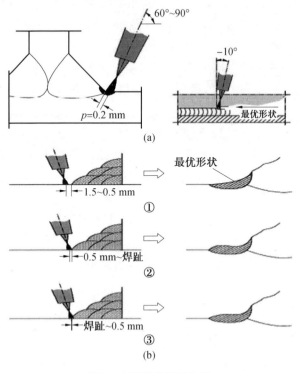

图 1.4　重熔位置的选择

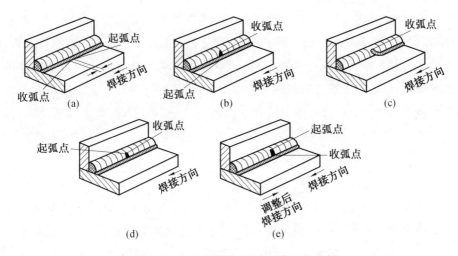

图 1.5　TIG 重熔起弧、收弧位置的选择

1.2.3　超声冲击

超声冲击(ultrasonic impact treatment,UIT)是一种采用冲击头以 20 000 次/s 的频率冲击材料表面,超声冲击过程中,冲击频率高、能量集中,在材料表面引入压缩塑性变形,从而消除金属表面有害残余拉应力,引入有益的残余压应力。超声冲击后,材料表面获得了一层塑性变形层,塑性变形层的存在使构件的强度、硬度、耐磨性、耐腐蚀性提高。高能量冲击下,金属表面温度极速升高又迅速冷却,使作用区表层金属组织发生变化,冲击部位得以强化。超声冲击是科学家 Mukhanov 和 Golubev 20 世纪 50 年代提出的,通过换能器将超声波的高频率转化为振动传递到工件表面,振动锤击工件表面使表面产生微观结构变化,形成较薄的加工硬化层,且使构件表层残余应力发生变化。1974 年,Polozky 等人将超声冲击应用于焊接结构残余应力的消除和表面强化处理。国内超声冲击工艺的发展起源于 1997 年天津大学成功研制的第一台压电式超声冲击装置。经过二十多年的发展,该技术得到广泛的关注,应用于铁路、海洋工程、设备制造等多个领域中。

超声冲击具有适用性大、操作方便、冲击效果好等优点,与锤击和针式冲击相比,超声冲击的超高频振动可以较快地引入有益的残余压缩应力,冲击针的方向和角度便于控制,冲击后的质量容易得到保证。超声冲击处理结构轻巧、操作简易、成本低、效率高,是提高焊接结构疲劳性能最有效的方法之一。

现有的研究结果表明,超声冲击作为一种表面改性技术可以显著地提高焊接结构的疲劳寿命。Huo 等人[51]研究 16Mn 钢的疲劳性能,结果表明,超声冲击处理后,16Mn 钢的疲劳性能提高了 84%,疲劳寿命提高了 3.5~27 倍。霍立兴、王东坡等人对几种典型焊接结构,用钢的对接和非承载纵向角接接头实施超声冲击处理,然后进行了焊态与超声冲击处理的对比疲劳试验,研究了超声冲击改善焊缝疲劳强度的实际效果。试验结果表明,经过超声冲击处理的焊缝,疲劳强度提高了,效果十分显著。图 1.6 为结构应力下各种接头的疲劳数据,从图中可发现,高频冲击后接头的疲劳寿命提高。

　　超声冲击工艺改善焊接结构疲劳寿命的原因有三点。其一,超声冲击时,表面产生塑性变形硬化区,同时产生残余压应力,改善组织和力学性能。由于外部施加了高频冲击载荷,因此,表层金属逐渐发生塑性变形,随着塑性变形逐渐深入金属表层区,剧烈的塑性变形作用导致晶粒细化,在金属表层区形成了等轴细

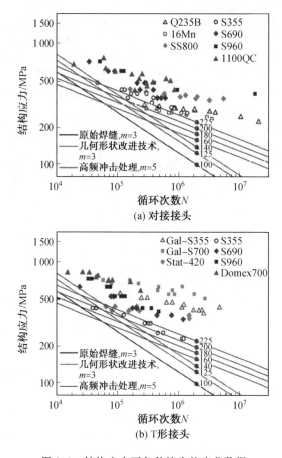

图 1.6　结构应力下各种接头的疲劳数据

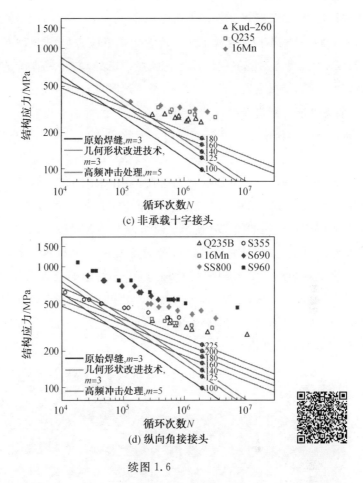

续图 1.6

晶组织,甚至可以实现表层金属晶粒纳米化。对超声冲击处理后的变形层残余应力进行测量,结果表明,变形层内的应力为压应力[52]。Chen 等人[53] 的研究表明,超声冲击处理可以改善应力状态,增大残余压应力,超声冲击处理后的金属材料表面的压应力值甚至大于金属材料本身的屈服强度。Roland 等人[54] 研究了表面纳米化处理后的 301L 不锈钢的疲劳性能,结果发现,纳米晶组织可以阻碍位错运动,延迟疲劳裂纹萌生,提高焊缝的疲劳性能。其二,冲击过程可"焊合"气孔、缩松等缺陷,降低由于组织缺陷引起的应力集中,TIG 焊接接头进行超声冲击处理,发现处理后在接头表面形成 $300~\mu m$ 的塑性变形层,变形层内气孔、疏松的数量与尺寸减小,疲劳强度提高。其三,冲击处理后,冲击区域(一般为焊趾)形成深度为 0.2~0.6 mm,宽度为 3~6 mm 的圆弧过渡,极大减少了焊缝应力集中带来的影响,抑制裂纹从焊趾处萌生的概率。赵小辉等人对 TC4 钛合金焊缝进行处理,将焊缝焊趾过渡半径由 0.12～0.96 mm 增加到冲击之后的 1.3～3.3 mm,焊趾过渡半径明显增长[55],角焊接焊缝应力集中系数 K_t 由 4.10 降为 2.79。Galtier 等人对焊缝的焊趾进行超声冲击处理,研究焊趾的形状对接头疲劳性能的影响,结果表明,超声冲击处理后焊趾的过渡半径增大,应力集中系数减小,疲劳性能得到显著提高[56]。

　　超声锤击过程中会在焊缝表层产生裂纹类缺陷,这将成为焊缝的疲劳裂纹源,对疲劳延寿效果产生不利影响。Liu 等人[57]在研究二次超声冲击处理过程中发现,超声处理后的焊缝表层存在裂纹类缺陷(图 1.7),缺陷处为疲劳裂纹起裂的首选位置。Abdullah[58]在超声冲击试样中同样也发现了裂纹类缺陷,超声波冲击后的焊趾损伤如图 1.8 所示。超声冲击处理焊趾区域出现叠形裂纹类缺陷几乎是不可避免的,这将对焊缝疲劳延寿效果产生不利的影响。超声冲击过程中的振幅和频率影响焊缝表面处理质量,进而影响处理后焊缝的疲劳寿命。因此,研究超声冲击振幅和频率对铁路货车用 Q450NQR1 焊缝疲劳寿命的影响规律,获得适合铁路货车用 Q450NQR1 焊缝疲劳延寿的超声冲击振幅和频率组合具有实际的应用价值。

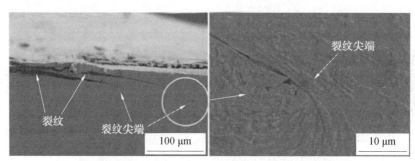

(a) UIT损伤试样的截面　　　　　　(b) 尖端的放大

图 1.7　扫描电镜(SEM)照片

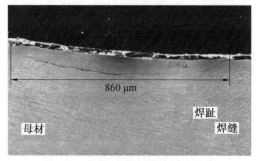

图 1.8　超声波冲击后的焊趾损伤

1.3　焊中延寿工艺研究现状

焊后处理工艺可大幅度提高焊缝疲劳性能,但增加加工工序,降低加工效率,提高加工成本。因此,探索可以在焊接过程中降低焊缝缺陷率,提高焊缝质量的焊中延寿工艺极为必要。

1.3.1　振动焊接研究现状

振动焊接是基于振动时效的技术而发展起来的一种焊接工艺,主要是在焊接过程中向焊接构件施加机械振动。在焊接过程中施加一定范围内的机械振动,将对焊接熔池有一定的影响。振动焊接工艺可以细化焊缝组织,提高焊缝质量,降低残余应力,相比于传统的焊缝延寿方法,振动焊接是通过在焊接过程中施加机械振动改善焊缝熔池流动状态及降低焊接温度梯度,达到提高焊缝服役性能的目的,省去焊后延寿的工序,进一步缩短了生产周期,降低了生产成本。

1. 振动焊接优点[59-61]

(1)提高焊接质量。引入机械振动可以改善熔池的流动性,从而减少气孔、缺陷、裂纹等焊接缺陷的产生,提高焊接质量。

(2)增大焊接深度。振动焊接可以增大熔深,加快焊接速度,提高焊接效率。

(3)减小变形。焊接过程中引入机械振动可以减小焊缝的应力,从而减小变形。

(4)改善金属晶粒结构。振动焊接可以促进金属晶粒细化和均匀化,从而提高焊缝的性能和寿命。

(5)优化组织结构。可以通过施加合适的振动频率和振幅,优化材料的组织结构,提高焊接质量。

2. 国内研究现状

国内学者在振动焊接领域开展了广泛的研究,其中,张国福等人[62]以自动埋弧焊常用的 16MnR 钢为研究对象,证实了振动焊接可以明显改善焊缝区和热影响区的金相组织,使焊缝的组织得到细化,针状铁素体数量增加,并对其显微组织细化过程进行详细讨论。研究发现,振动频率与振动幅度均可以改善焊缝的显微组织,但振动频率对焊缝区和热影响区的金相组织影响不明显,而振动幅度对金相组织的改善程度显著。张德芬等人[63]采用常用的 16MnR 钢作为试验材料,研究机械振动焊接对残余应力的影响,结果表明,机械振动可以均匀地细化晶粒尺寸,减少焊缝的残余应力。管建军等人[64]研究了低频机械振动对常用的16MnR 钢凝固结晶的影响,研究结果表明,低频机械振动可以加速熔池金属的对流,树枝状晶体在较大的综合应力作用下更容易破碎,从而独立生长成等轴晶,达到晶粒细化的目的。林用满等人[65]以 Q690 钢为研究对象,对振动焊接后的焊缝进行显微组织及性能分析,结果表明,振动焊接可以有效地细化焊缝的显微组织,提高焊缝的力学性能。尹何迟等人[66]研究了振动焊接对 HT-7U 超导托卡马克焊缝横向弯曲性能的影响,试验结果表明,振动焊接可以明显改善接头的横向弯曲性能,当振动加速度为 6 m/s² 时,横向弯曲测试达标率为 100%。徐济进等人[67]将振动焊接技术应用在阀体球阀的焊接中,研究表明,振动焊接可以显著减少焊接后的残余应力和变形,并通过了标准检验,不需要进行焊后热处理。任新怀等人[68]通过研究机械振动对激光填丝焊缝组织和疲劳性能的影响,提出了一种基于振动焊接的激光焊接方法,采用机械振动与激光焊接相结合,得出机械振动对焊缝的形态、组织、机械性能和失效机制的影响效果,从而解决激光焊接中常见的孔隙率、飞溅、掉渣和疲劳性能差等问题。结果表明,机械振动可以减少焊缝中的柱状晶体,增加树枝状晶体和等轴状晶体,从而提高焊缝的硬度,改善 5025 铝合金焊缝的服役性能。这种方法有效地克服了激光角焊的缺陷,扩大了振动焊接应用的领域。孟祥旗[69]探究了振动焊接与振动时效对其力学性能、显微组织及腐蚀性能的影响。选择硅锰铸钢作为研究对象,从晶粒形成和材料组织的角度,解释了振动焊接能提高焊缝服役性能的原因,并分析了位错密度在不同振动处理工艺下的变化情况。温肜等人[70]研究了高频振动对 AZ31镁合金焊缝的微观结构和机械性能的影响,发现振动频率为 15 kHz 时,焊缝的晶粒尺寸明显减小。卢庆华等人[71-73]随后更详细地研究了振动焊接的过程,并优化了振动参数和焊接参数。于群[74]从交变应力的角度研究了振动对材料微观结构的作用,发现机械振动可以改善微观结构,细化晶粒。陈金涛等人[75]研究了振动对焊缝疲劳强度的影响,结果表明,振动焊接可使焊缝的疲劳强度提高50%,并通过有限元计算焊接变形,证明了施加机械振动可以在改善焊接变形的程度上具有一定作用。

3. 国外研究现状

振动焊接的研究工作在国外也受到广泛关注。Robson 等人[76]建立了焊缝熔化区和显微组织沿熔化线的成核方向及扩散力学模型,用于检测不同超声波振动焊接条件下金属复合物的层间敏感性。在振动焊接过程中,振动频率、振幅、振动加速度和焊接参数等条件都会对焊缝质量产生影响。因此,为达到最佳焊缝质量,应采用合适的振动参数[77-79]。为了全面研究振动参数对焊接质量的影响,仿真分析是一个理想的选择。Siddiq 等人[80]采用仿真分析及正交试验的方法,探究了振动频率、焊接速度、焊接电流等焊接参数对低碳钢焊接质量的影响,试验结果表明,振动频率是影响焊接质量的主要因素。Rao 等人[81]的研究结果表明,在铝合金 TIG 焊接过程中,可以通过改变激振电机的输入电压来改变激振频率,振动频率与焊接质量并不呈线性关系,机械振动不仅可以改变焊缝的显微组织和力学性能,还能够有效提高焊缝的残余应力,以及焊缝中残余应力的分布情况。Xu 等人[82]以 Mg/Ti 焊缝为研究对象,在钨极惰性气体焊接过程中施加机械振动,结果表明,振动焊接的效果受振动能量的影响,焊缝中圆形的 Mg 晶粒的尺寸从 200 μm 减小到 50 μm,抗拉强度提高了 18%,焊接试样的耐久性也得到了提高。Puko 等人[83]对多层焊接条件下的振动焊接工艺进行了研究,结果表明,振动焊接可以提高冲击性能,并且相对于单层焊接条件,多层焊接条件下的振动焊接效果更佳。Pučko[84]对振动焊接工艺与正常焊接工艺、热时效和与热时效振动相结合的焊接技术进行了比较,分析了振动对焊缝冲击强度等力学性能的影响。试验结果表明,热处理后的焊缝具有较好的初始性能,振动焊接的结构件具有更好的抗冲击性。此外,低频振动焊接和超频振动焊接均可提高焊缝的质量。Majidirad 等人[85-86]详细介绍了不同振动焊接工艺的优势和劣势。

4. 机械振动对焊接过程的影响

熔化焊的焊接过程实质上是金属在热源作用下熔化形成熔池及热源离开后熔池金属的冷却结晶过程,其中,熔池金属的结晶过程类似一个小型铸造过程。结合振动辅助铸造过程中机械振动对铸造过程的影响,可以获得机械振动对焊接过程的影响。焊接过程中施加机械振动,振动能量通过母材传入熔池,给熔池带来周期性的冲击作用,加速熔池金属的流动促进熔池金属搅拌,这将对熔池凝固过程的形核结晶、焊缝内成分分布及气体夹杂的排出都有明显的影响,其作用主要概括为以下几点[87-95]。

(1)振动促进金属凝固过程中的晶内和晶界偏析,使组织和元素成分分布得更加均匀。

(2)振动有着明显的除气效果,起到消除气孔缺陷的作用。

(3)振动改变了熔池的温度场,对流换热的增加改善了金属的凝固条件,使金属结晶凝固速率加快。

(4)机械振动可均匀组织,能够降低焊缝的残余应力,改善材料的力学性能。

目前,有关机械振动场对结晶过程的研究主要集中在机械振动对细化晶粒方面的影响。有关机械振动引起的枝晶破碎理论主要有应力破碎枝晶理论和搅拌破碎枝晶理论两种[96-101]。应力破碎枝晶理论认为,振动会引起质点之间应力应变相互传递,从而形成应力波,应力波作用于树枝晶上会导致枝晶折断;搅拌破碎枝晶理论认为,振动作用下,溶池液体与枝晶之间存在相对运动,枝晶与溶池液体之间存在相互作用力,该作用力足够大时,枝晶被折断,形成小的枝晶。上述两种理论都说明,机械振动能够抑制柱状晶的生长,加快溶质的扩散速度,缓解凝固组织的偏析,从而细化晶粒组织,提升合金的力学性能。

Varun 等人[102]研究了模具振动对 LM25 铝合金铸造后的显微组织和力学性能的影响。结果表明,施加机械振动后,铸件晶粒细化,初生 α(Al)由树枝晶转变为细小的等轴晶,振动频率在 30～35 Hz 范围内,晶粒细化的效果最佳。Jiang 等人[103]在 A356 铝合金的消失模铸造过程中施加机械振动,发现施加机械振动后,组织中粗大的树枝晶转化为细小、均匀的等轴晶,初生 α(Al)和共晶硅的大小、形貌及分布均显著改善。张峥[104]在 A356 铝合金消失模铸造过程中施加机械振动,发现机械振动引起的流体流动可打碎凝固前沿的树枝晶,增加非均匀形核质点。Khmeleva 等人[105]在 A356 铝合金凝固过程中施加机械振动的同时引入 TiB_2 粒子,机械振动改善了 A356 铝合金的枝晶结构,减小了晶粒尺寸,施加机械振动后,平均晶粒尺寸从 449 μm 减小到 140 μm。

1.3.2 实时超声冲击研究现状

与焊后超声冲击相比,实时超声冲击是在焊后超声冲击消除应力与变形方法的基础上提出的一种在焊接过程中引入超声冲击消除应力与应变的方法。实时超声冲击就是在焊接的同时在焊件的表面施加超声冲击,试验过程中因在焊缝正面或背面施加超声,从而在焊缝正面处引起微量变形,冲击产生的应力与焊接过程中产生的应力及变形相互抵消,从而有效地减小焊接残余应力与变形。此外,由于超声冲击直接施加在焊缝处,因此会使熔池发生剧烈振动,从而打破树枝晶,增加非均匀形核数,细化晶粒,形成大量等轴晶,改善焊缝力学性能,同时,由于超声冲击引起的振动对熔池有强烈的搅拌作用,从而使焊缝中的气体和杂质上浮至熔池表面,有望降低气孔和夹杂等缺陷的发生率[106]。

根据不同的超声施加方式,可以将随焊超声辅助电弧焊接分为接触式随焊超声辅助电弧焊接和非接触式随焊超声辅助电弧焊接。接触式随焊超声辅助电弧焊接是将超声振动施加在母材、焊丝、焊缝等处,直接或者间接作用于熔池,影响熔池的凝固过程,改善焊缝组织;而非接触式随焊超声辅助电弧焊将超声作用于电弧,影响电弧和熔滴过渡使焊接质量提高[107]。现有的研究结果表明,接触式随焊超声辅助电弧焊接和非接触式随焊超声辅助电弧焊接都可以改善焊缝组织,提升焊缝性能。随着超声发生装置的进一步发展,随焊超声辅助电弧焊接装置的设计也会取得进步。目前,对随焊超声辅助电弧焊接的研究停留在定性分析上,而超声能量量化对焊接的作用还需要进一步研究[108]。

1.3.3　低相变点(low transformation temperature,LTT)焊接材料

焊接过程的熔池凝固时的相变过程一般为从奥氏体向铁素体、珠光体、马氏体、贝氏体的转变过程。相变过程中,不同相的组织形态不同、转变机制不同、晶格结构不同。因此,焊接的相变过程伴随着熔池金属体积的膨胀或收缩。含碳量为 0.1% 的碳素钢从单向奥氏体转变为铁素体时,体积膨胀率为 4.58%,奥氏体转变为珠光体时,体积膨胀率为 4.62%,奥氏体转变为贝氏体时,体积膨胀率为 4.71%,奥氏体转变为马氏体时,体积膨胀率为 4.80%。上述计算结果表明,奥氏体向马氏体转变时,体积膨胀率最大。

焊接过程中,相变的体积膨胀将导致焊缝区域压缩应力的产生,体积膨胀的压缩应力将有利于降低焊接热收缩过程中产生的拉伸应力,最终将降低焊缝的残余拉应力,残余拉应力的降低将提高焊缝的疲劳性能。LTT 焊接材料焊缝金属在较低温度下发生马氏体相变产生的体积膨胀,使焊缝及周围母材产生残余压缩应力,图 1.9 为多层多道焊过程中 LTT 焊接材料、普通焊接材料获得的焊缝的残余应力分布,可见 LTT 焊接材料降低了接头的残余拉应力,在焊缝的中间区域产生了残余拉应力。图 1.10 为普通焊接材料及 LTT 焊接材料获得的 T 形接头原始焊缝和焊后进行超声冲击处理焊缝的疲劳寿命曲线,可见 LTT 焊接材料获得的焊缝疲劳寿命较普通焊接材料提高 10% 以上。

图 1.11 为焊缝金属冷却凝固过程中普通焊接材料及 LTT 焊接材料冷却过程应变情况,从图中可发现,常规焊接材料在较高温度下发生马氏体相变,因此马氏体相变产生的压应力将被接下来的冷却过程中收缩产生的拉应力所抵消,冷却到室温时,焊缝处将存在残余拉应力。LTT 焊接材料发生马氏体相变的温度较低,相变后的冷却温度区间较小,冷却过程产生的拉应力不足以抵消相变产

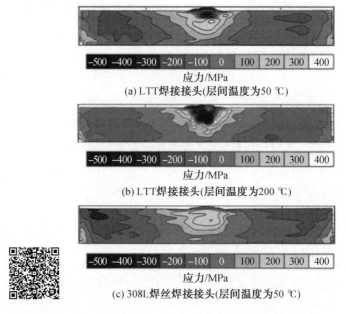

图 1.9　焊接材料及层间温度对焊缝残余应力的影响

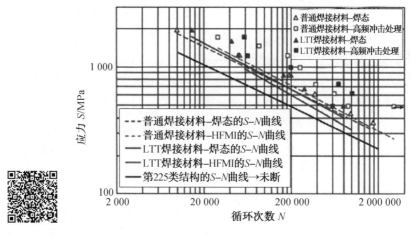

图 1.10　焊态和超声波冲击对 T 形接头常规焊缝和 LTT 焊缝进行疲劳试验的结果

生的压应力,最终焊缝处将存在残余压应力。因此,控制 LTT 焊接材料马氏体转变温度是调整焊缝残余应力的关键所在。

　　LTT 焊接材料在改善焊接结构疲劳性能方面具有广泛的应用前景。目前,有关 LTT 焊接材料的研究主要集中在改善焊缝疲劳性能方面,忽视了焊缝的综合力学性能要求,LTT 焊接材料获得的焊缝的组织主要为淬火马氏体,其韧性较差,是限制 LTT 焊接材料应用的关键。

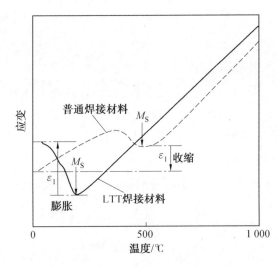

图 1.11　普通焊接材料及 LTT 焊接材料冷却过程应变情况

M_S—马氏体转变起始温度

1.4　目前主要存在的问题

（1）焊缝疲劳延寿技术焊趾打磨、TIG 重熔、锤击已被列入国际权威机构（IIW 等）焊缝疲劳设计规范。其工艺技术成熟，但上述工艺均属于焊后处理工艺，增加加工工序，降低加工效率，提高加工成本，因此开展焊中延寿技术的研究很有必要。

（2）超声冲击、锤击、针式冲击等喷丸类疲劳延寿技术不可避免地产生类裂纹工艺性缺陷。利用断裂力学理论预测上述强化实施效果，进而开展抗疲劳设计或改进工艺消除喷丸类强化表面类裂纹缺陷，是提高延寿效果的必要手段。

（3）LTT 焊接材料通过低温马氏体转变获得的焊缝抗疲劳性能较好，但其韧性较差，不满足焊缝综合性能要求。提高 LTT 焊接材料熔敷金属的韧性，获得强韧性与疲劳性能合理匹配是未来 LTT 焊接材料研究的关键。

（4）服役环境下焊缝的腐蚀行为是影响焊缝寿命的重要因素。延寿处理后，焊缝的耐腐蚀性能是保证腐蚀性服役环境焊接结构可靠性的关键，有关延寿处理后焊缝耐腐蚀性的研究并未引起足够关注。

第 2 章　TIG 重熔对焊缝组织和性能的影响

TIG 重熔主要指焊接后对焊趾处采用不填丝的工艺进行重新熔化,从而消除焊趾处未熔合、未焊透及组织粗大等问题。TIG 重熔后,焊缝的显微组织及力学性能改变,本章主要探讨 TIG 重熔对 Q450NQR1 高强度耐候钢焊缝组织和性能的影响。

2.1　试验材料及焊接工艺

2.1.1　试验材料及性能

试验研究材料为 Q450NQR1 高强度耐候钢,它具有强度高、耐腐蚀性好等特点,是日前铁路货车车辆广泛使用的材料。Q450NQR1 高强度耐候钢主要以热轧态供货,在供货过程中,高强度耐候钢相当于经过了强化处理,从光学显微镜下观察到 Q450NQR1 高强度耐候钢的母材组织为铁素体和片状珠光体,并且晶粒致密细小,如图 2.1(a)所示。在扫描电镜下可以更为清晰地看到在铁素体基体上层状分布的片状珠光体,如图 2.1(b)所示。

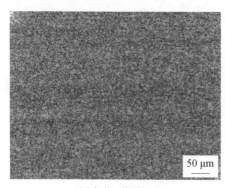
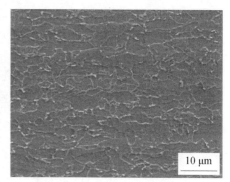

(a) 用光学显微镜观察　　　　　　　　　　(b) 用扫描电镜观察

图 2.1　Q450NQR1 高强度耐候钢母材微观组织

　　Q450NQR1 高强度耐候钢在焊接时所选用的焊接材料应具有较好的强度和韧性。本书所选用的焊丝材料为 HTW-55，ϕ1.2 mm。母材（Q450NQR1 高强度耐候钢）及焊丝的化学成分见表 2.1，其力学性能见表 2.2。

表 2.1　母材及焊丝的化学成分　　　　　　　　　　　　%

材料	元素							
	C	Si	Mn	P	S	Cr	Ni	Cu
母材	≤0.12	≤0.75	≤0.15	≤0.025	≤0.008	0.30~0.125	0.12~0.65	0.20~0.65
焊丝	≤0.12	≤0.60	≤1.60	≤0.025	≤0.025	0.30~0.90	0.20~0.60	0.20~0.50

表 2.2　母材及焊丝的力学性能

材料	指标			
	屈服强度(R_{el})/MPa	抗拉强度(R_m)/MPa	冲击力(AK_v)/J	断后伸长率 δ/%
母材	≥450	≥550	≥30(−40 ℃)	≥13
焊丝	482	573	127(−20 ℃)	29

2.1.2　TIG 重熔工艺参数

　　试验选用的母材为尺寸为 350 mm×150 mm×5 mm 的 Q450NQR1 钢板，如图 2.2 所示。焊接过程中使用 MAG 焊对试样进行双面焊获得 MAG 焊缝。对 MAG 焊后焊板一侧焊趾进行 TIG 重熔，获得 TIG 重熔焊缝。MAG 焊及 TIG 重熔焊接工艺参数见表 2.3。

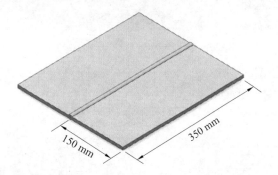

图 2.2　Q450NQR1 高强度耐候钢 MAG 焊试样

表 2.3 MAG 焊及 TIG 重熔焊接工艺参数

钢板牌号	焊接方式	焊接电压/V	焊接电流/A	焊接速度 /(cm · min^{-1})	气体流量 /(L · min^{-1})
Q450NQR1	MAG 焊	26	260	55	18
	TIG 重熔	16	170	25	15

2.2 TIG 重熔焊缝应力集中系数

从宏观上看,按照设定的工艺参数,在 MAG 焊的基础上进行 TIG 重熔,TIG 重熔后焊缝外观如图 2.3 所示,呈现出鱼鳞状的焊缝外观。鱼鳞状焊缝可通过圆弧有效地分散应力集中。此外,经 TIG 重熔后,焊缝形状和尺寸发生明显变化,TIG 重熔后,焊趾处为弧形过渡,且过渡平缓,TIG 重熔后截面形貌如图 2.4 所示。因此,TIG 重熔可通过焊缝表面的鱼鳞状焊缝及焊趾处的圆滑过渡减小焊缝焊趾处的应力集中,有效提高焊缝强度,从而提高 Q450NQR1 高强度耐候钢焊缝的疲劳寿命。

图 2.3 TIG 重熔后焊缝外观

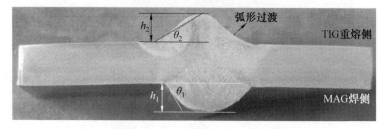

图 2.4 TIG 重熔后截面形貌

测量 TIG 重熔前后焊缝余高 h、过渡角 θ 及曲率半径 R,焊缝参数见表 2.4。

MAG 焊后过渡角 θ_1 为 44°,焊缝余高 h_1 为 3.8 mm,曲率半径 R_1 为 2 mm;TIG 重熔后过渡角 θ_2 为 14°,焊缝余高 h_2 为 2.6 mm,曲率半径 R_2 为 8 mm。TIG 重熔后过渡角 θ 和焊缝余高 h 明显减小,曲率半径增加,实现了焊缝与母材之间的圆滑过渡。

表 2.4　焊缝参数

焊接方式	焊缝余高 h/mm	过渡角 θ/(°)	曲率半径 R/mm
MAG 焊	3.8	44	2
TIG 重熔	2.6	14	8

焊缝的应力集中位置主要在母材与焊缝过渡处,其大小主要受焊缝参数影响,应力集中系数由式(2.1)可得,焊缝与母材的过渡角 θ、过渡处的曲率半径及焊缝余高 h 决定了应力集中系数的大小,即

$$K_t = 1 + \frac{1 - \exp\left[-0.9\sqrt{\dfrac{B}{h}}(\pi - \theta)\right]}{1 - \exp\left(-0.9\sqrt{\dfrac{B}{h}} \cdot \dfrac{\pi}{2}\right)} \cdot \left(\frac{b-2}{2.8B} \cdot \frac{h}{R}\right)^{0.65} \tag{2.1}$$

式中　h——焊缝余高,mm;

　　　b——$\frac{1}{2}$钢板厚度,mm,$2b = 5$ mm;

　　　B——板厚+焊缝余高,mm,$B = h + b$;

　　　θ——过渡角,(°);

　　　R——曲率半径,mm;

　　　K_t——应力集中系数。

由表 2.4 及式(2.1)可计算获得 TIG 重熔前后焊缝的应力集中系数。重熔前焊缝的应力集中系数 K_t 为 1.17,TIG 重熔后应力集中系数 K_t 为 1.06,应力集中系数下降了 9.4%。可见 TIG 重熔改善了焊缝的几何形状,使焊缝和母材连接部位形成了圆滑过渡,大幅度降低了焊趾处的应力集中。

2.3　TIG 重熔焊缝微观组织分析

为了获得 TIG 重熔对焊缝显微组织的影响,对 TIG 重熔前后焊缝热影响区及焊缝区进行显微组织观察。依据标准 GB/T 13298—2015《金属显微组织检验

方法》[109]，将试样的焊缝先进行粗磨，再进行观察面的细磨和抛光，随后再滴入浓度①为 4‰的硝酸溶液，经过 3 s 后，再用无水乙醇进行清洗，随后使用清水冲刷，用吹风机吹干，经过以上步骤可以清楚地观察到 MAG 焊缝、热影响区和 TIG 重熔区。图 2.5(a)、(b)分别为腐蚀后焊接接头宏观全貌及腐蚀后焊接接头微观全貌，图中可明显地区分各个区域。

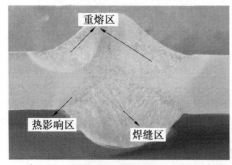 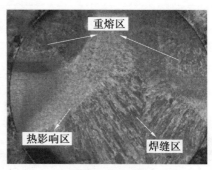

(a) 焊缝宏观全貌   (b) 焊缝微观全貌

图 2.5　焊缝全貌

图 2.6 为焊缝微观组织形貌。从低倍放大图(图 2.5(b))可看出，MAG 焊靠近熔合线处存在粗大的柱状晶，TIG 重熔后细化了熔合线处的显微组织。未重熔的 MAG 焊缝组织由先共析铁素体、针状铁素体与少量珠光体组成，如图 2.6(a)所示。MAG 焊熔合线的焊缝侧主要为柱状的先共析铁素体及珠光体，靠近熔合线的热影响区为粗大的块状铁素体及珠光体如图 2.6(b)所示。经 TIG 重熔处理之后，MAG 焊趾被加热并重新熔化，形成 TIG 重熔焊缝与热影响区。图 2.6(c)所示为 TIG 重熔焊缝与未重熔焊缝交界处显微组织，可以明显地看出原 MAG 焊缝经 TIG 重熔后，焊趾处柱状晶及热影响区粗大的铁素体被细化。TIG 重熔后，焊缝内的铁素体以针状铁素体为主，如图 2.6(d)所示。TIG 重熔后，焊缝及热影响区组织细化的原因为 TIG 重熔时热输入量小，冷却速度快，奥氏体的过冷度增大，针状铁素体形核速率提高。

此外，较大的过冷度将导致针状铁素体在奥氏体晶内形核、长大的自由空间减少。因此，TIG 重熔后，焊缝及热影响区的晶粒细化。

---

① 　本书浓度均指质量分数。

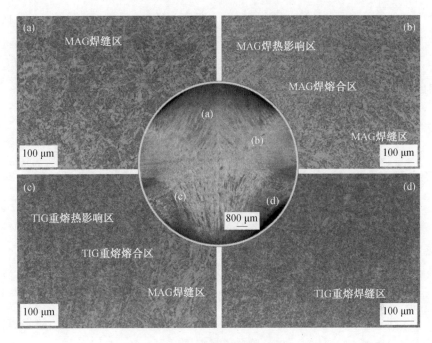

图 2.6　焊缝微观组织形貌

2.4　TIG 重熔焊缝硬度检测

为了研究 TIG 重熔对焊缝硬度的影响,参照 GB/T 27552—2021《金属材料焊缝破坏性试验　焊接接头显微硬度试验》[110] 对 TIG 重熔前后焊缝进行硬度检测,硬度打点位置为焊缝母材区、热影响区、焊缝区、TIG 重熔焊缝区、TIG 重熔热影响区,硬度打点分布模型如图 2.7 所示。

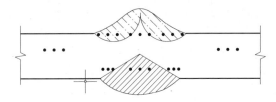

图 2.7　硬度打点分布模型

焊缝硬度试验数据见表 2.5,括号内为所测维氏硬度平均数。TIG 重熔前后母材的平均维氏硬度均为 HV209,未重熔热影响区的平均维氏硬度为 HV250,未重熔焊缝区的平均维氏硬度为 HV242。TIG 重熔热影响区的平均维氏硬度为 HV299,TIG 重熔焊缝区的平均维氏硬度为 HV270。相比于未重熔焊缝区和热影响区,TIG 重熔后热影响区提高了 19.6%,焊缝区提高了 11.6%。

表 2.5　焊缝硬度试验数据

焊接工艺	母材	热影响区	焊缝	热影响区	母材
未重熔	208,209, 209(209)	256,248, 246(250)	244,238, 244(242)	256,248, 246(250)	208,209, 209(209)
TIG 重熔		287,295, 316(299)	275,264, 272(270)	287,295, 316(299)	

　　整理表 2.5 中数据,TIG 重熔前后硬度对比如图 2.8 所示,TIG 重熔焊缝区和热影响区的硬度均高于未重熔硬度,这主要是因为在 TIG 重熔时焊接热输入密集,熔化金属量很少,导致熔池体积较小,热源离开后熔池热量迅速散失,温度下降很快,且氩气对焊缝附加冷却作用,冷却速度的提高会使材料产生一定程度的硬化。由图 2.6(c)、(d)可知,TIG 重熔后导致焊缝区柱状晶含量①减少,且针状铁素体含量增加,细化了晶粒,提高了焊缝硬度。

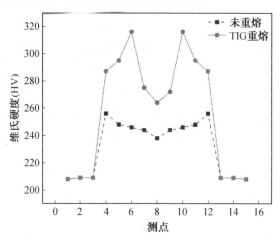

图 2.8　TIG 重熔前后硬度对比

① 本书含量均指体积分数。

2.5　本章小结

　　本章分析了 Q450NQR1 高强度耐候钢未重熔和 TIG 重熔后的宏观形貌,并对两种焊接工艺焊缝的金相显微组织进行了观察和分析,并进行了力学性能检测。

　　由宏观形貌可知,TIG 焊趾处呈鱼鳞状,并且 TIG 重熔后焊缝余高、过渡角均有减小。焊缝的应力集中系数 K_t 重熔前为 1.17,TIG 重熔后为 1.06,应力集中系数下降了 9.4%。经 TIG 重熔后,Q450NQR1 高强度耐候钢焊缝晶粒细小且焊缝内柱状晶消失。由于细晶强化的影响,TIG 重熔焊缝区及热影响区的硬度均高于重熔前焊缝。

第3章 TIG重熔对焊缝耐腐蚀性的影响

铁路通用敞车是煤炭运输的主要运载工具。运煤货车的工作环境为含有氯离子的酸性环境,其中 Cl^- 主要来源于煤浸出产物及防冻液,酸性环境主要是酸雨及煤炭中的硫酸盐溶于水形成的 SO_4^{2-}。焊缝处组织不均匀且存在残余应力,其耐腐蚀性低于母材。焊缝的腐蚀过程多为局部腐蚀,局部腐蚀将增加焊缝的应力集中程度,大幅度降低焊缝的疲劳性能。因此,腐蚀环境下焊接结构的疲劳寿命与焊缝的耐腐蚀性直接相关,研究延寿处理后铁路货车焊接结构在含 Cl^- 及 SO_4^{2-} 的酸性环境的腐蚀行为,对改善焊接结构的疲劳性能具有重要意义。本章主要对 Q450NQR1 焊缝 TIG 重熔后的耐腐蚀性进行研究,从耐腐蚀性的角度评价 TIG 重熔对焊缝寿命的影响。

3.1 腐蚀试验

3.1.1 试样制备

1. 失重试样

失重试样的尺寸没有统一规定,为了获得明显的腐蚀失重,应尽量增大试样的表面积与质量之比。试样质量应不大于 200 g,以免超出分析天平的称重范围。采用线切割的方式获得 MAG 焊试样及 TIG 重熔试样,所取试样以焊缝中心为对称轴,其尺寸为 50 mm×15 mm×5 mm,失重试样设计图如图 3.1 所示。打磨试样,再用蒸馏水清洗后用无水乙醇脱水,吹干后用电子天平称重记为原始质量 W_0,精确到 0.01 g。

2. 拉伸试样

根据 GB/T 2651—2023《金属材料焊缝破坏性试验 横向拉伸试验》[111] 设计拉伸试样尺寸并确定试验方案。本试验的试样采用非比例试样,试样截面厚度为 5 mm,宽度为 14 mm。原始标距 $L_0 = 50$ mm,过渡段曲率半径 $R = 50$ mm,拉伸试样设计图如图 3.2 所示。

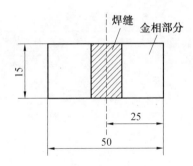

图 3.1　失重试样设计图(单位:mm)

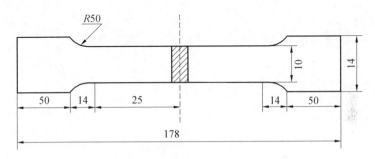

图 3.2　拉伸试样设计图(单位:mm)

3.1.2　腐蚀溶液及腐蚀方法

煤炭浸出液的主要成分为含 Cl^- 及 SO_4^{2-} 的酸性物质,货车钢结构焊接处组织不均匀并存在残余应力,其耐腐蚀性低于母材[112-113]。本次试验选用 1%H_2SO_4 +3% NaCl 溶液的混合溶液模拟铁路运煤货车运输环境进行加速腐蚀试验,评价 TIG 重熔对焊缝耐腐蚀性的影响。

依据 JB/T 7901—2023《金属材料实验室均匀腐蚀全浸试验方法》[114] 进行试验,定义未重熔的失重试样编号为 A1~A12,未重熔拉伸试样编号为 D1~D12,TIG 重熔失重试样编号为 B1~B12,TIG 重熔拉伸试样编号为 E1~E12。腐蚀方案设计见表 3.1。

由于腐蚀 240 h 之前,质量变化、形貌变化不明显,所以将腐蚀时间设定为从腐蚀 240 h 开始,以 120 h 为一周期进行试验,即腐蚀时间为 240 h、360 h、480 h、600 h,按照不同的腐蚀时间将试样放入腐蚀箱中,每个试验箱分别有 TIG 重熔前后的失重和拉伸试样共 4 组,每组设置 3 个平行试样且要求每个试样间距1 cm,不允许和容器壁有接触。腐蚀箱及试样摆放图如图 3.3 所示。

表 3.1　腐蚀方案设计

腐蚀箱编号	腐蚀时间/h	焊接工艺	试样编号
1#	240	未重熔	失重试样 A1～A3 拉伸试样 D1～D3
		TIG 重熔	失重试样 B1～B3 拉伸试样 E1～E3
2#	360	未重熔	失重试样 A4～A6 拉伸试样 D4～D6
		TIG 重熔	失重试样 B4～B6 拉伸试样 E4～E6
3#	480	未重熔	失重试样 A7～A9 拉伸试样 D7～D9
		TIG 重熔	失重试样 B7～B9 拉伸试样 E7～E9
4#	600	未重熔	失重试样 A10～A12 拉伸试样 D10～D12
		TIG 重熔	失重试样 B10～B12 拉伸试样 E10～E12

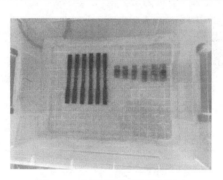

图 3.3　腐蚀箱及试样摆放图

3.1.3　腐蚀产物清理

根据 GB/T 16545—2015《金属和合金的腐蚀　腐蚀试样上腐蚀产物的清除》[115],去除腐蚀产物所需要的浓度为 12% 的盐酸溶液中,完全浸泡 20～30 min后,从溶液中取出试样并用清水进行冲刷,去除表面残留的盐酸溶液,再将除锈后的试样放入无水乙醇进行清洗、干燥,并冷却至室温。腐蚀试样去除腐蚀产物前后如图 3.4 所示。

图 3.4 腐蚀试样去除腐蚀产物前后

3.1.4 微观组织分析及力学性能检测

采用 SEM 观察腐蚀产物的微观形貌及去除腐蚀产物后试样表面的微观形貌。试验采用电子式万能材料拉力试验机,加载方式为纵向拉伸,试验温度为20 ℃,环境应干燥。拉伸试验依据 GB/T 228.1—2021《金属材料 拉伸试验 第 1 部分:室温试验方法》[116]进行,装夹时应保证拉伸试验机拉伸轴的轴线和拉伸试样的中心线同轴,使试样受力对称分布,拉伸过程应平稳,直至拉断并记录拉伸试验数据。

3.2 腐蚀形貌分析

3.2.1 腐蚀宏观形貌分析

Q450NQR1 高强度耐候钢腐蚀初期,试样表面形成黄褐色的锈层,但随着腐蚀时间的延长,高强度耐候钢的黄褐色锈层颜色逐渐变深,形成黑褐色的致密层,这层锈层具有保护作用,使得腐蚀速率比普通碳钢小得多。

图 3.5 所示为未重熔试样与 TIG 重熔试样腐蚀宏观形貌。图 3.5(a)所示为腐蚀 240 h 后试样的宏观形貌。锈层表面颜色较浅,呈黄褐色且试样表面产生颗粒状铁锈,根据腐蚀溶液与 Fe 的反应过程可知,腐蚀产物主要为 $Fe(OH)_2$ 和 $Fe(OH)_3$,此时锈层较为平整,焊趾处出现少量细小蚀坑,基体未发现明显脱落鼓包现象。

如图 3.5(b)所示为腐蚀 360 h 后试样的宏观形貌。与上一腐蚀周期(240 h)相比,锈层颜色加深,局部区域有黑色锈层出现。试样表面锈层厚度增大,存在许多点状锈层剥落区域。随着腐蚀时间的延长,焊缝上出现少量蚀坑,焊趾处蚀坑数量与深度均有所增加,部分小蚀坑连在一起,沿着焊趾呈贯通状,且大蚀坑中存在小蚀坑。

图 3.5(c)所示为腐蚀 480 h 后试样的宏观形貌。试样表面锈层颜色由黄褐色变为深红色,由于外部锈层与基体的结合力较弱,因此腐蚀应力作用下外锈层和内锈层的分离趋势明显,部分区域锈层开始碎裂,外锈层出现大面积脱落,外锈层脱落后,可以看到新的被腐蚀的基体。

图 3.5(d)所示为腐蚀 600 h 后试样的宏观形貌。与上一腐蚀周期相比,腐蚀 600 h 后,试样表面形貌变化不大,仅颜色加深。试样表面形成一层黑褐色的致密的保护膜,这些黑褐色锈层的主要成分为 Fe_3O_4。Fe_3O_4 主要是由早期锈层中的 $FeOOH$ 进一步氧化产生。致密的 Fe_3O_4 锈层阻止了腐蚀溶液与金属基体的接触,使腐蚀反应速率变慢。因此,腐蚀时间从 480 h 延长到 600 h,焊缝处的蚀坑只存在少量变化。

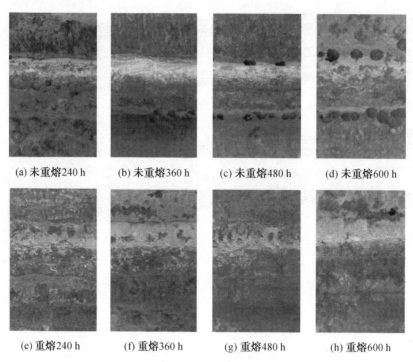

(a) 未重熔240 h   (b) 未重熔360 h   (c) 未重熔480 h   (d) 未重熔600 h

(e) 重熔240 h   (f) 重熔360 h   (g) 重熔480 h   (h) 重熔600 h

图 3.5 未重熔试样与 TIG 重熔试样腐蚀宏观形貌

需要说明的是,腐蚀过程并不会随着 Fe_3O_4 保护膜的形成而停止。随着新的腐蚀溶液的加入,会生成致密的黑色保护膜,而腐蚀溶液中氯离子和硫离子的存在将破坏外锈层对基体的保护作用,使新一轮腐蚀开始,腐蚀不断进行。因此,只要有足够多的腐蚀溶液,足够长的腐蚀时间,腐蚀反应将会一直进行,直至基体被腐蚀完。

　　图 3.5(e)～(h)所示为 TIG 重熔后 Q450NQR1 高强度耐候钢不同腐蚀时间后试样的宏观形貌。腐蚀过程中,TIG 重熔后焊缝的锈层颜色变化与未重熔试样类似,腐蚀初期,腐蚀试样表面为黄褐色的 $Fe(OH)_2$ 和 $Fe(OH)_3$ 锈层,随着腐蚀时间的延长,锈层颜色逐渐加深,当腐蚀时间达到 600 h 后,试样表面形成黑褐色的 Fe_3O_4。重熔后焊缝焊趾处蚀坑数量远小于未重熔的焊缝,且锈层更加平滑、致密,锈层表面也更加平整。这主要是因为经过 TIG 重熔后焊缝显微组织的变化,重熔后焊缝内粗大的柱状晶消失,形成了晶粒细小的针状铁素体,TIG 重熔过程冷却速度快,细化了焊缝区及热影响区的晶粒,减少了焊趾处缺陷的数量,提高了焊缝区耐腐蚀性。

3.2.2　腐蚀微观形貌分析

　　为了更深入地分析 TIG 重熔的 Q450NQR1 高强度耐候钢焊缝在模拟运煤货车环境的腐蚀速率变化规律,需要对其腐蚀微观形貌进行观测和分析。在腐蚀试验和腐蚀参数分析结束后,用扫描电镜观察腐蚀产物的形貌。

1. 未重熔试样腐蚀微观形貌

　　图 3.6 所示为不同腐蚀时间后未重熔试样蚀坑微观形貌。结果表明,未重熔的 Q450NQR1 高强度耐候钢焊缝在腐蚀过程中,产生的蚀坑是没有规律并且随机分布的。其蚀坑有两种表现形式,分别为均匀腐蚀和局部腐蚀。随着腐蚀程度的增加,与腐蚀溶液接触的试样表面将产生均匀腐蚀,此外,试样表面存在焊接缺陷(如气孔、夹杂等)处通过扩张深挖所致的点蚀,其点蚀坑内部的微观形貌表现为细小的蚀坑,同样属于均匀腐蚀,如图 3.6(a)所示。局部腐蚀是受到腐蚀溶液中硫离子和氯离子侵蚀所致的点蚀,其外观形貌是大面积的蚀坑,如图 3.6(b)～(d)所示。

　　图 3.6(a)所示为腐蚀 240 h 后试样的微观形貌,其腐蚀表面主要为均匀腐蚀,很少出现点蚀坑,出现的点蚀坑也是由众多半径极小的蚀坑组成。图 3.6(b)所示为腐蚀 360 h 后试样的微观形貌,可以发现,试样表面出现较多的点蚀区域,蚀坑半径开始增大,且比较容易观察到,有些点蚀坑是由多个大面积蚀坑组成。随着腐蚀时间的增长,腐蚀 480 h 后,试样微观形貌如图 3.6(c)所示,由于点蚀的不断深挖和扩张,因此试样表面蚀坑的半径越来越大,而且数量逐渐增多。此外,试样表面还出现半径较小的、新形成的点蚀。腐蚀 600 h 后,试样的微观形貌

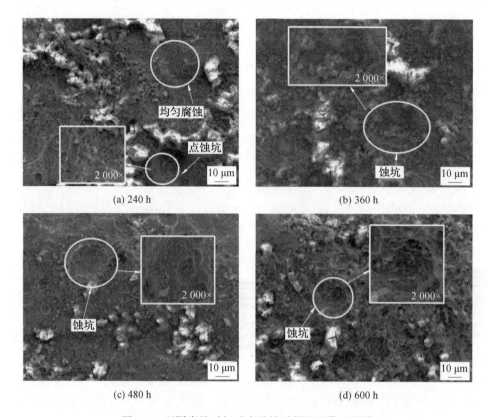

图3.6 不同腐蚀时间后未重熔试样蚀坑微观形貌

如图 3.6(d)所示,蚀坑的深度和宽度在腐蚀溶液的作用下继续深挖和扩张,试样表面存在由多个点蚀坑合并而形成的不规则蚀坑,随着腐蚀的进行,试样表面不断出现新的点蚀。

未重熔 Q450NQR1 腐蚀试样的微观形貌可总结为:在腐蚀初期,试样表面以均匀腐蚀为主;随着腐蚀时间的增加,试样表面点蚀现象越来越明显;腐蚀后期,主要呈现点蚀深挖、扩张的腐蚀形貌。

2. 重熔试样腐蚀微观形貌

TIG 重熔后试样(Q450NQR1 高强度耐候钢)蚀坑微观形貌如图 3.7 所示。图 3.7(a)所示为腐蚀 240 h 后试样的微观形貌,其表面平滑,主要为均匀腐蚀,仅有少数的点蚀现象出现。图 3.7(b)所示为腐蚀 360 h 后试样的微观形貌,可见一些略大的蚀坑出现在试样表面,而当腐蚀时间增长到 480 h 和 600 h 如图 3.7(c)、(d)所示,其试样表面也产生了大面积的点蚀坑,可以很清晰地看到深挖、扩张后的蚀坑和新形成的点蚀出现在试样表面上,但点蚀的数量、密度与未重熔相比较少,这是因为经 TIG 重熔的高强度耐候钢,其微观组织得到明显细化,且较为均匀和致密,所以相比于未重熔,经 TIG 重熔后的 Q450NQR1 高强度耐候钢腐蚀表面更加平滑。TIG 重熔后的腐蚀形貌以均匀腐蚀为主,其中也伴随着点蚀现象出现,但因金相组织略有改变,故其点蚀现象并不明显。

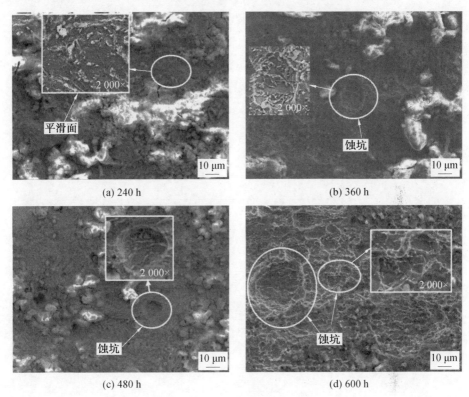

图 3.7　TIG 重熔后试样蚀坑微观形貌

3.3　腐蚀程度分析

为了解试样的腐蚀程度,用质量损失率 η_w 定义试样的腐蚀程度,即

$$\eta_w = \frac{W_0 - W_1}{W_0} \cdot 100\% \qquad (3.1)$$

式中　η_w——质量损失率,%;

　　W_0、W_1——腐蚀前后试样的质量,g。

称量腐蚀前后试样的质量,得到未腐蚀试样的质量 W_0 和腐蚀后试样的质量

W_1，根据式（3.1），计算得到重熔前后试样的质量损失率 η_w，腐蚀试样质量损失率数据表见表3.2。

表 3.2　腐蚀试样质量损失率数据表

焊接工艺	腐蚀时间/h	试样编号	腐蚀前质量 W_0/g	腐蚀后质量 W_1/g	质量差/g	质量损失率 η_w/%
未重熔	240	A1	43.53	42.51	1.02	2.34
		A2	44.01	43.10	0.91	2.07
		A3	39.42	38.52	0.90	2.28
	360	A4	45.21	43.69	1.52	3.36
		A5	43.09	41.68	1.41	3.27
		A6	43.05	41.75	1.30	3.02
	480	A7	44.16	42.43	1.73	3.92
		A8	46.06	44.50	1.56	3.39
		A9	40.07	38.50	1.57	3.92
	600	A10	43.01	41.41	1.60	3.74
		A11	39.12	37.42	1.70	4.35
		A12	46.67	45.02	1.65	3.54
TIG 重熔	240	B1	32.46	31.93	0.53	1.63
		B2	31.31	30.76	0.55	1.76
		B3	33.09	32.61	0.48	1.45
	360	B4	36.97	36.16	0.81	2.19
		B5	34.64	33.68	0.96	2.77
		B6	35.12	34.29	0.83	2.36
	480	B7	31.56	30.63	0.93	2.95
		B8	37.50	36.40	1.10	2.93
		B9	32.63	31.62	1.01	3.10
	600	B10	37.12	36.01	1.11	2.99
		B11	37.48	36.18	1.30	3.46
		B12	32.62	31.64	0.98	3.00

3.3.1　质量损失率与腐蚀时间的关系模型

Q450NQR1 高强度耐候钢腐蚀的影响因素较多,腐蚀过程复杂,建立高度匹配的腐蚀模型可以对钢的腐蚀规律及未来趋势进行较为准确的预测。在以往的腐蚀模型研究中,基于自然暴露腐蚀和人工加速腐蚀试验,国内外学者通过对比线性模型和幂函数模型,经过回归分析得到合适的腐蚀模型[117]。

本书使用质量损失率表征腐蚀程度,建立质量损失率与腐蚀时间的关系曲线,并根据拟合程度 R^2 表征拟合的优良性,选取拟合程度更好的拟合方程。

如表 3.2 所示,根据 Q450NQR1 高强度耐候钢周期浸泡腐蚀 600 h 内的试验数据,初步使用线性关系对腐蚀时间关系进行描述拟合,得到质量损失率与腐蚀时间的线性关系如图 3.8 所示。通过建立的线性关系可以判断,质量损失率与腐蚀时间有较好的线性关系,且在 360 h 之前线性关系明显,随着腐蚀时间的增加,质量损失率的离散性增大。

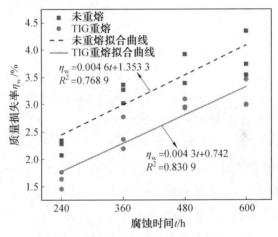

图 3.8　质量损失率与腐蚀时间的线性关系

按照线性相关的假设,拟合腐蚀试样的腐蚀关系曲线,回归得到两种焊接工艺试样的质量损失率与腐蚀时间关系线性方程和线性关系的拟合程度 R^2,统计整理于表 3.3。

表 3.3　质量损失率与腐蚀时间线性函数拟合方程

焊接工艺	模型公式 $\eta_w = At + b$	拟合程度 R^2
未重熔	$\eta_w = 0.004\ 6t + 1.353\ 3$	0.768 9
TIG 重熔	$\eta_w = 0.004\ 3t + 0.742$	0.830 9

　　根据研究经验,再次尝试使用幂函数模型进行质量损失率与腐蚀时间关系的拟合,如图 3.9 所示,与线性函数相似,在腐蚀 360 h 之前,质量损失率与腐蚀时间存在良好的拟合关系,但随着腐蚀的进行,离散性逐渐增大,在腐蚀 360 h 之后,发现幂函数模型拟合曲线的斜率逐渐变得平缓,符合随着腐蚀时间的增加,生成的锈层会延缓腐蚀进行这一规律,从而证明相比于线性函数模型,幂函数更加符合实际。

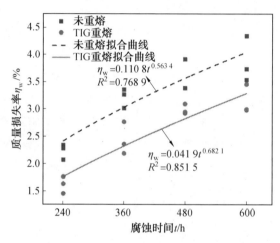

图 3.9　质量损失率与腐蚀时间的幂函数关系

　　质量损失率与腐蚀时间幂函数拟合方程见表 3.4。通过对比线性函数与幂函数拟合程度 R^2 可以发现,幂函数的拟合程度 R^2 均大于线性函数,说明 Q450NQR1 高强度耐候钢浸泡腐蚀试验的腐蚀模型更加接近幂函数模型。短期腐蚀和长期腐蚀略有差异,总体上看,质量损失率与时间关系曲线的幂函数模型拟合程度更高,在不同腐蚀阶段,建议选用与之匹配度较高的质量腐蚀率与腐蚀时间的关系模型,可以实现对未来腐蚀率更精确的预测。

表 3.4　质量损失率与腐蚀时间幂函数拟合方程

焊接工艺	模型公式 $\eta_w = At + b$	拟合程度 R^2
未重熔	$\eta_w = 0.110\ 8t^{0.563\ 4}$	0.768 9
TIG 重熔	$\eta_w = 0.041\ 9t^{0.682\ 1}$	0.851 5

3.3.2　平均质量损失率与腐蚀时间的关系

　　根据表 3.2 可计算出各个周期 TIG 重熔前后的平均质量损失率,平均质量损失率见表 3.5。拟合表 3.5 中的数据,建立未重熔和 TIG 重熔腐蚀试样的平均质量损失率与腐蚀时间的关系,平均质量损失率与腐蚀时间的关系如图 3.10 所示。根据上述研究,质量损失率与腐蚀时间关系的幂函数拟合程度 R^2 更接近于 1,所以进行幂函数拟合。由图 3.10 可见,两种焊接工艺的腐蚀试样的平均质量损失率与腐蚀时间的关系有较高的一致性。

表 3.5　平均质量损失率

腐蚀时间/h	未重熔平均质量损失率 $\bar{\eta}_w$/%	TIG 重熔平均质量损失率 $\bar{\eta}_w$/%
240	2.23	1.61
360	3.22	2.44
480	3.74	2.99
600	3.88	3.15

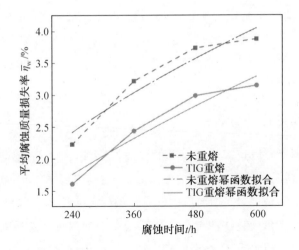

图 3.10　平均质量损失率与腐蚀时间的关系

在平均质量损失率计算中忽略焊缝高度引起的质量偏差。建立平均质量损失率与腐蚀时间的幂函数关系,即

$$\bar{\eta}_w = At^b \tag{3.2}$$

式中　$\bar{\eta}_w$——平均质量损失率,%;

　　　t——腐蚀时间,h;

　　　A——与环境和材料相关的常数;

　　　b——腐蚀变化趋势指数。

当腐蚀变化趋势指数 $b>1$ 时,表明锈层对基体没有保护作用; $b<1$ 时,表明锈层对基体起保护作用。通过拟合平均质量损失率 $\overline{\eta_w}$ 与腐蚀时间 t,得到数据 A、b、R^2 值,平均质量损失率与腐蚀时间拟合方程见表 3.6。

表 3.6 平均质量损失率与腐蚀时间拟合方程

焊接工艺	A	b	R^2	拟合回归方程
未重熔	0.110 1	0.563 6	0.887 6	$D=0.110\ 1t^{0.563\ 6}$
TIG 重熔	0.041 6	0.683 4	0.913 7	$D=0.041\ 6t^{0.683\ 4}$

由表 3.6 的 b 值可知,TIG 重熔前后,Q450NQR1 高强度耐候钢在周期浸润条件下腐蚀变化趋势指数 b 均小于 1,说明无论腐蚀初期,还是腐蚀进行一段时间后,腐蚀形成的锈层均对基体有保护作用,减缓腐蚀。从图 3.10 中可以看出,未重熔和 TIG 重熔曲线的变化趋势相似,随着腐蚀的进行,平均腐蚀损失率呈降速式增长,这也证明了生成的锈层会提高耐腐蚀能力,延缓腐蚀的进行。从表 3.6 中可以看出,TIG 重熔后的拟合程度 R^2 更接近于 1,表明其拟合吻合度更高,更符合腐蚀幂函数模型,且未重熔曲线在 TIG 重熔曲线上方,说明其平均质量损失率要比 TIG 重熔后大,耐腐蚀性差。

3.3.3 腐蚀速率分析

重量法是获得腐蚀速率较为经典的方法,它可以在大部分腐蚀环境中进行测定,是检测金属腐蚀速率最可靠的方法之一,是高强度耐候钢腐蚀速率测定方法的基础。重量法是根据腐蚀前后钢材质量的变化来测定金属腐蚀速率。重量法又可分为失重法和增重法两种。当金属表面上的腐蚀产物较容易除净,且不会因为清除腐蚀产物而损坏金属本体时常用失重法;当腐蚀产物牢固地附着在试样表面时,则采用增重法。把金属做成一定形状和大小的试样,放在腐蚀环境中,经过一定的时间后,取出并测量其质量和尺寸的变化,即可计算其腐蚀速率。由于试样腐蚀后的腐蚀产物易清除,所以采用失重法测 Q450NQR1 高强度耐候钢的腐蚀速率,对于失重法,可通过式(3.3)计算金属的腐蚀速率,即

$$v=\frac{W_0-W_1}{St} \tag{3.3}$$

式中 v——腐蚀速率,g/(m² · h);

W_0——试样原始质量,g;

W_1——试样清除腐蚀产物后的质量,g;

S——试样暴露在腐蚀溶液中的表面积，m^2；

t——试验周期，h。

从表 3.7 可以看出，随着腐蚀时间的增加，TIG 重熔前后的 Q450NQR1 高强度耐候钢腐蚀速率呈现出随着腐蚀的进行逐渐降低的趋势，这说明无论是未重熔，还是 TIG 重熔后的高强度耐候钢，当腐蚀进行一段时间后，耐腐蚀性均有所提高，导致了腐蚀速率降低，这是因为在腐蚀过程中，钢基体表面均有锈层生成，生成的锈层阻碍腐蚀进一步发生，且随腐蚀时间的增加，锈层的厚度和致密性也在不断提高，从而使未重熔与 TIG 重熔的钢耐腐蚀性能也随之提升。

表 3.7　未重熔和 TIG 重熔腐蚀速率数据

腐蚀时间 /h	未重熔 试样编号	腐蚀速率 v /$(g \cdot m^{-2} \cdot h^{-1})$	平均腐蚀速率 $\bar{v}$ /$(g \cdot m^{-2} \cdot h^{-1})$
	A1	1.63	
240	A2	1.42	1.51
	A3	1.48	
	A4	1.24	
360	A5	1.38	1.34
	A6	1.39	
	A7	1.31	
480	A8	1.23	1.27
	A9	1.27	
	A10	1.03	
600	A11	1.13	1.05
	A12	0.98	
腐蚀时间 /h	TIG 重熔 试样编号	腐蚀速率 v /$(g \cdot m^{-2} \cdot h^{-1})$	平均腐蚀速率 $\bar{v}$ /$(g \cdot m^{-2} \cdot h^{-1})$
	B1	1.21	
240	B2	1.25	1.23
	B3	1.23	
	B4	1.02	
360	B5	1.21	1.11
	B6	1.1	

续表 3.7

腐蚀时间 /h	TIG 重熔 试样编号	腐蚀速率 v /(g·m⁻²·h⁻¹)	平均腐蚀速率 $\bar{v}$ /(g·m⁻²·h⁻¹)
480	B7	1.02	
	B8	1.08	1.05
	B9	1.05	
600	B10	1.02	
	B11	0.98	1.01
	B12	1.03	

整理表 3.7 中的数据,绘制成图 3.11 平均腐蚀速率随腐蚀时间变化的关系曲线(折线图)和两种焊接工艺 4 个周期的腐蚀速率(柱状图)。观察图 3.11 中折线图,纵向来看,可以直观地看出,在相同腐蚀周期下,TIG 重熔试样的腐蚀速率明显低于未重熔,即在 4 个腐蚀周期 TIG 重熔的 Q450NQR1 高强度耐候钢腐蚀速率慢,耐腐蚀性更好,这是因为相比于 TIG 重熔,未重熔的 Q450NQR1 高强度耐候钢腐蚀后期,腐蚀产物中的 α—FeOOH 少,导致其腐蚀产物疏松,耐腐蚀性差,腐蚀速率高;横向来看,由于 TIG 重熔前后试样的腐蚀机理相同,重熔前后腐蚀速率随时间的变化趋势则基本相似。随着腐蚀时间的延长,腐蚀速率逐渐降低,由于各个周期的腐蚀产物不同,因此腐蚀速率降低的快慢不同。可以将腐蚀过程大致分为两个阶段:腐蚀前期(240~360 h),腐蚀产物主要成分为块状

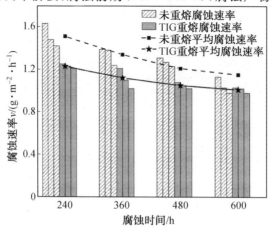

图 3.11　腐蚀速率

Fe_3O_4、Fe_2O_3 及针状和绒毛状的 $\gamma-FeOOH$,锈层致密性低,耐腐蚀性差,腐蚀速率下降快,所以高强度耐候钢在这个周期内的腐蚀速率最快,蚀坑数量快速增加;腐蚀中后期(360~600 h),腐蚀产物主要为 $\alpha-FeOOH$,锈层结构和物相相对含量逐渐稳定,腐蚀速率缓慢降低,逐渐趋于一个定值。

3.4 腐蚀产物分析与腐蚀机理研究

3.4.1 腐蚀产物分析

对于 Q450NQR1 高强度耐候钢焊缝,重熔前后不同腐蚀阶段的腐蚀产物相同,图 3.12 所示为 TIG 重熔试样在不同腐蚀周期的表面锈蚀产物 SEM 图像。腐蚀初期,试样表面形成细小块状的 $Fe(OH)_2$ 和 $Fe(OH)_3$,如图 3.12(a)所示。此时,锈层产物结构松散,间隙较大,腐蚀性介质容易穿过缝隙与基体接触,使基体进一步腐蚀。随着腐蚀的进行,腐蚀产物逐渐增加,形成完整的锈层。当腐蚀时间为 360 h 时,腐蚀产物呈针状,如图 3.12(b)所示。现有的研究结果表明,该针状晶体为 $\beta-FeOOH$[118],针状结构容易形成利于腐蚀的空洞,使基体进一步腐蚀。腐蚀 480 h 后,锈层表面的针状产物转变为团絮状的 $\alpha-FeOOH$[119],如图 3.12(c)所示。当腐蚀时间达到 600 h 时,试样表面形成板块状的 $\alpha-FeOOH$ 和 Fe_3O_4[120-122],如图 3.12(d)所示。该产物性能稳定、结构致密,可延缓腐蚀过程的进行。

(a) 240 h (b) 360 h

图 3.12 TIG 重熔试样在不同腐蚀周期的表面锈蚀产物 SEM 图像

(c) 480 h　　　　　　　　　　　(d) 600 h

续图 3.12

3.4.2　腐蚀机理分析

在 Q450NQR1 高强度耐候钢腐蚀过程中，Fe 率先溶解产生 Fe^{2+}，随后形成 $Fe(OH)_2$ 沉淀。在周边环境中氧的作用下，$Fe(OH)_2$ 容易被氧化成红褐色的 $Fe(OH)_3$，这一点能清楚地从初期腐蚀宏观形貌上体现出来（图 3.5）。Fe 不断溶解形成 Fe^{2+}，造成点蚀坑的尺寸逐渐增大。Q450NQR1 高强度耐候钢腐蚀初期的反应可表示为

$$Fe + O_2 \longrightarrow 2Fe(OH)_2 \tag{3.4}$$

$$4Fe(OH)_2 + O_2 + 2H_2O \longrightarrow 4Fe(OH)_3 \tag{3.5}$$

随着腐蚀的进行，不稳定的 $Fe(OH)_2$ 与 $Fe(OH)_3$ 继续转化为 FeOOH，其反应式为

$$4Fe(OH)_2 + O_2 \longrightarrow 4FeOOH + 2H_2O \tag{3.6}$$

$$Fe(OH)_3 \longrightarrow FeOOH + H_2O \tag{3.7}$$

FeOOH 主要有 $\alpha-FeOOH$、$\gamma-FeOOH$ 和 $\beta-FeOOH$ 三种晶体结构。其中，$\alpha-FeOOH$ 是稳定相，而 $\gamma-FeOOH$ 与 $\beta-FeOOH$ 为亚稳态，可以进一步转化为稳态的 $\alpha-FeOOH$ 和 Fe_3O_4。如 $\gamma-FeOOH$ 在基体表面弱酸性液膜中可先转化为无定形的羟基氧化铁 $FeO(OH)_{3-2x}$，随后这些无定形羟基氧化铁通过固态相变转化成 $\alpha-FeOOH$。$\alpha-FeOOH$ 的不断积累聚集，使得锈层致密紧实，有效地降低腐蚀速率，保护基体材料。$\gamma-FeOOH$ 向 $\alpha-FeOOH$ 转化的过程为

$$\gamma-FeOOH \longrightarrow FeO(OH)_{3-2x} \longrightarrow \alpha-FeOOH \tag{3.8}$$

此外,FeOOH 与 Fe 基体反应生成可生成 Fe_3O_4,具体反应过程为

$$8FeOOH + Fe \longrightarrow 3Fe_3O_4 + 4H_2O \tag{3.9}$$

3.5　试样腐蚀程度与拉伸性能关系分析

3.5.1　未腐蚀试样拉伸性能

利用拉伸试验机分别对 TIG 重熔前后的拉伸试样进行拉伸性能测试,从表 3.8 焊缝拉伸试验数据可以看出,未重熔的平均抗拉强度为 610 MPa,平均断后伸长率为 28.72%;TIG 重熔后的平均抗拉强度为 612 MPa,提高了 0.38%,平均断后伸长率为 28.83%,提高了 0.33%。

表 3.8　焊缝拉伸试验数据

焊接工艺	试样编号	抗拉强度 /MPa	平均抗拉 强度/MPa	断后伸长 率 A/%	平均断后 伸长率 $\overline{A}$/%
未重熔	C1	608		28.73	
	C2	612	610	28.72	28.72
	C3	610		28.72	
TIG 重熔	C4	612		28.84	
	C5	611	612	28.82	28.83
	C6	613		28.83	

整理表 3.8 中的数据,绘制成图 3.13,可以看出,TIG 重熔后的平均抗拉强度和平均断后伸长率均高于未重熔,这是因为 TIG 重熔和 MAG 焊虽然都属于电弧焊,但是二者有本质上的不同,TIG 重熔焊接热输入集中,熔池冷却速度快,晶粒细小,而 MAG 焊接热输入集中程度差,MAG 焊接区域组织粗大,脆性大。所以应用 TIG 重熔原理,对焊缝处进行 TIG 重熔,可以使 TIG 重熔后金属晶粒细化。晶粒越细,总晶界面越大,抗拉强度提高,延展性变好。图 3.14 为 TIG 重熔前后拉伸断口形貌,对比可发现,TIG 重熔后拉伸断口整体较平整,断裂形式为韧性断裂,断口的韧窝较密集,且深度大,因此重熔后焊缝的塑韧性较好。

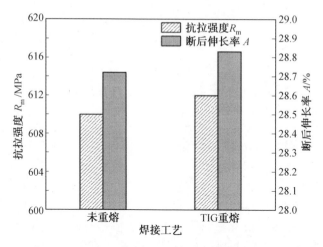

图 3.13 TIG 重熔前后力学性能对比

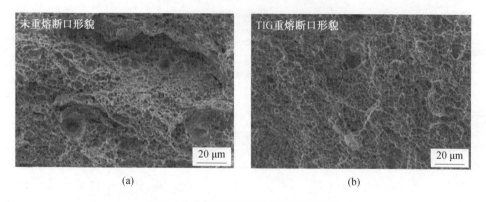

图 3.14 TIG 重熔前后拉伸断口形貌

3.5.2 腐蚀拉伸试样断裂形态

对不同腐蚀时间的试样进行拉伸性能检测,图 3.15(a)所示为腐蚀后未重熔拉伸试样断裂形态,图 3.15(b)所示为腐蚀后 TIG 重熔拉伸试样断裂形态。通过观察可发现,腐蚀后未重熔拉伸断裂位置位于焊趾及热影响区的试样约占80%,腐蚀后 TIG 重熔拉伸断裂位置位于热影响区的试样约占 50%,TIG 重熔后热影响区断裂试样比例大幅度减小,说明 TIG 重熔后焊缝的耐腐蚀性更好,经腐蚀后焊缝的热影响区的拉伸性能更好。

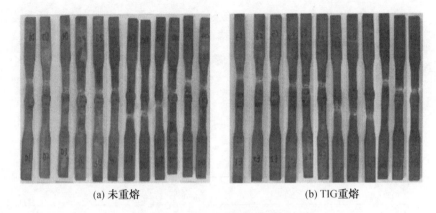

(a) 未重熔　　　　　　　　　(b) TIG重熔

图 3.15　腐蚀后重熔前后拉伸试样断裂形态

3.5.3　质量损失率与拉伸性能关系分析

根据表 3.9 中质量损失率和拉伸性能数据可绘制图 3.16。从图 3.16(a)、(b)中可以看出,随着质量损失率增加,未重熔和 TIG 重熔试样的抗拉强度和断后伸长率均呈下降趋势。这主要是因为随着腐蚀的进行,焊趾处蚀坑的出现导致试样的承载面积逐渐减小,试样的拉伸性能下降,并且断口形貌随着腐蚀程度的增加,也存在相应的变化。

表 3.9　腐蚀后拉伸性能数据表

腐蚀时间/h	未重熔质量损失率 η_w/%	未重熔抗拉强度/MPa	未重熔断后伸长率 A/%	TIG 重熔质量损失率 η_w/%	TIG 重熔抗拉强度/MPa	TIG 重熔断后伸长率 A/%
	2.44	605	28.4	2.48	607	29.1
240	2.57	605	28.2	2.46	609	28.7
	2.42	602	28.4	2.31	598	28.9
	3.32	600	28.0	3.24	604	27.6
360	3.43	586	27.6	3.36	597	27.6
	3.44	588	27.4	3.26	602	27.5
	4.32	587	26.8	3.85	594	27.2
480	4.15	572	27.1	4.23	587	27.1
	4.08	576	27.2	4.22	583	27.2

续表3.9

腐蚀时间/h	未重熔质量损失率 η_w/%	未重熔抗拉强度/MPa	未重熔断后伸长率 A/%	TIG 重熔质量损失率 η_w/%	TIG 重熔抗拉强度/MPa	TIG 重熔断后伸长率 A/%
	4.68	564	25.9	4.71	577	26.4
600	5.16	563	25.2	4.83	572	26.8
	5.28	563	25.4	4.74	568	26.5

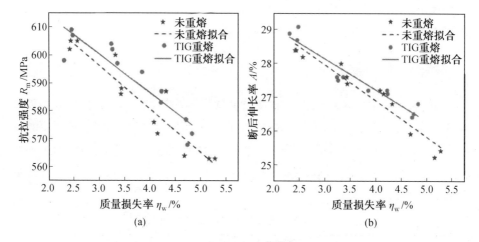

图 3.16   质量损失率与拉伸性能的关系

质量损失率与拉伸性能拟合方程见表 3.10,由拟合方程可知,抗拉强度和断后伸长率的 TIG 重熔拟合方程斜率绝对值均小于未重熔,即 TIG 重熔后焊缝的抗拉强度及断后伸长率下降速率减小。这是因为腐蚀过程中试样整体形貌发生改变,TIG 重熔试样腐蚀形貌以均匀腐蚀为主,相比于未重熔,TIG 重熔试样在腐蚀过程中腐蚀速率慢,且致密的腐蚀产物 $\alpha-FeOOH$ 保护了基体,从而只出现少量点蚀坑,均匀腐蚀对拉伸性能的影响并不突出,但点蚀坑的出现是降低拉伸性能的重要因素;未重熔试样则出现了大小不一的点蚀坑,在拉应力作用下,点蚀坑处产生应力集中,多处拉伸破坏断口是从蚀坑较大截面薄弱处贯穿。腐蚀程度越高,未重熔试样产生的点蚀坑越多,导致拉伸性能越差,蚀坑深度越大,该现象越明显,这也是腐蚀较重的未重熔试样断口形态与腐蚀较轻的 TIG 重熔试样断口形态有明显区别的原因。

表 3.10　质量损失率与拉伸性能拟合方程

焊接工艺	强度指标	拟合方程公式	R^2
未重熔	抗拉强度 R_m/MPa	$R_m = -15.499\,0\eta_w + 642.746\,1$	0.879 0
	断后伸长率 A/%	$A = -1.079\,0\eta_w + 31.205\,6$	0.927 1
TIG 重熔	抗拉强度 R_m/MPa	$R_m = -13.785\,4\eta_w + 641.690\,3$	0.822 8
	断后伸长率 A/%	$A = -0.935\,7\eta_w + 30.956\,7$	0.905 9

通过方程的拟合程度 R^2 可以发现,未重熔与 TIG 重熔后的断后伸长率拟合系数 R^2 均大于抗拉强度,说明与抗拉强度相比,腐蚀程度对 Q450NQR1 高强度耐候钢的断后伸长率会造成较大影响。

3.5.4　平均质量损失率与力学性能退化比率的关系

计算腐蚀周期 240 h、360 h、480 h 和 600 h 的平均质量损失率,代入拟合曲线,求出 4 个腐蚀周期的平均质量损失率对应的抗拉强度 R_m 及断后伸长率 A。以未腐蚀试样的抗拉强度 R_m^* 和断后伸长率 A^* 为基数,分别考察抗拉强度退化比率 R_m/R_m^* 和断后伸长率退化比率 A/A^{*-},退化比率定义为腐蚀后试样力学性能与未腐蚀试样力学性能占比。TIG 重熔前后拉伸性能退化比率数据表见表3.11。

表 3.11　TIG 重熔前后拉伸性能退化比率数据表

焊接工艺	平均质量损失率 η_w/%	抗拉强度 R_m/MPa	抗拉强度退化比率	断后伸长率 A/%	断后伸长率退化比率
未重熔	2.48	604.31	0.990 6	28.53	0.993 2
	3.40	590.05	0.967 2	27.54	0.958 6
	4.18	577.96	0.947 4	26.70	0.929 3
	5.04	564.63	0.925 6	25.77	0.897 0
TIG 重熔	2.42	608.32	0.993 9	28.69	0.995 0
	3.29	596.32	0.974 3	27.88	0.966 7
	4.10	585.15	0.956 1	27.12	0.940 5
	4.76	576.05	0.941 2	26.50	0.919 0

由表 3.11 可以看出,最后腐蚀周期 600 h 未重熔抗拉强度大约下降到腐蚀

前的 93%,TIG 重熔抗拉强度下降到腐蚀前的 94%;未重熔断后伸长率大约下降到腐蚀前的 90%,TIG 重熔后断后伸长率下降到腐蚀前的 92%。可以明显看出,试样腐蚀后,TIG 重熔后拉伸性能高于未重熔。

同条件下力学性能的退化比率越小,越能说明在腐蚀过程中退化的程度越大。由图 3.17 可以看出,两种工艺腐蚀对钢材断后伸长率的退化比率均低于抗拉强度退化比率,即说明在腐蚀过程中腐蚀对试样断后伸长率的影响高于抗拉强度,这是因为腐蚀过程不断地改变着 Q450NQR1 高强度耐候钢的表面形貌,从而对静态破坏的承载力和破坏形态产生影响。随着腐蚀程度的加深、蚀坑尺寸及不均匀性变大,变形能力相对于强度退化更为严重,延展性降低明显。

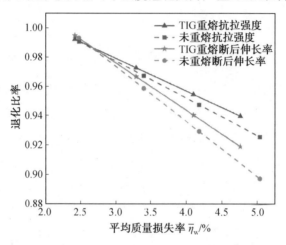

图 3.17　平均质量损失率与力学性能退化比率的关系

3.6　本章小结

本章对 TIG 重熔前后的 Q450NQR1 高强度耐候钢进行了周期浸泡腐蚀试验,观察其宏观及微观形貌,获得了质量损失率,探究了腐蚀速率腐蚀机理。

本章研究了 TIG 重熔对焊缝耐腐蚀性的影响。研究结果表明,未重熔试样焊趾处耐腐蚀性最差,腐蚀过程中焊趾处形成了大量的孔洞。未重熔试样腐蚀初期焊缝微观形貌以点蚀为主,随着腐蚀的进行,逐渐转变为均匀腐蚀。TIG 重熔提高了焊缝的耐腐蚀性,重熔后试样的质量损失率及腐蚀速率均小于未重熔焊缝。TIG 重熔焊缝腐蚀后并未出现孔洞,焊缝腐蚀后微观形貌以均匀腐蚀为主。

　　Q450NQR1 高强度耐候钢焊缝重熔前后不同腐蚀阶段的腐蚀产物相同,腐蚀产物的转变过程为:腐蚀初期,细小块状的 $Fe(OH)_2$ 和 $Fe(OH)_3$ ——→ 针状的 $\beta-FeOOH$ ——→ 团絮状的 $\alpha-FeOOH$ ——→ 板块状的 $\alpha-FeOOH$ 和 Fe_3O_4。最终产物 $\alpha-FeOOH$ 和 Fe_3O_4 结构致密,可降低腐蚀速率。

　　腐蚀前,未重熔试样的拉伸性能(抗拉强度及断后伸长率)均小于 TIG 重熔后试样,与未重熔相比,重熔后试样断口处的韧窝致密且均匀。腐蚀后,试样质量损失率与拉伸性能呈线性关系,随着质量损失率的增加,试样的拉伸性能下降。腐蚀过程中,焊缝断后伸长率的退化比率均低于抗拉强度退化比率,腐蚀对断后伸长率的影响更大。

第4章　振动焊缝显微组织分析

焊缝主要包括焊缝区、熔合区及热影响区三个区域。焊缝的组织及性能决定了整个焊接结构的性能。本章主要对不同振动参数下焊缝区、熔合区及热影响区的显微组织进行分析,获得振动参数对焊缝显微组织的影响规律。

4.1　试验材料、设备及方法

4.1.1　试验材料

试验所采用的母材为 Q450NQR1 高强度耐候钢板,母材的板厚为 8 mm,试验焊板尺寸为 320 mm×150 mm×8 mm,并采用 60°V 形坡口平板对接的接头形式,坡口对接示意图如图 4.1 所示。采用直径为 1.2 mm 的 HTW-55 MAG 焊丝进行焊接,母材和焊丝的化学成分及力学性能见表 2.1 和表 2.2。

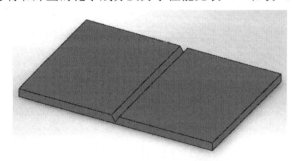

图 4.1　坡口对接示意图

4.1.2　试验平台搭建

振动焊接平台由三部分组成,即振动部分、测量部分及焊接部分。振动部分主要由 JK-Z-1000 振动台及控制箱组成,焊接过程中,振动台为焊接试板提供垂向的机械振动;为了检测振动焊接过程中焊接试板上的振动参数,采用泰克曼 TM63B 测振仪对焊接试板上的振动参数进行测量。采用 HK-100K 直缝摆动式焊接小车完成焊接过程。振动焊接平台搭建过程中,要保证焊接小车的焊枪位于焊缝的正上方,并且能顺利平直地通过试样。搭建完成后的振动焊接平台如

图 4.2 所示。

图 4.2　振动焊接平台

本次试验试板的焊接主要包括打底焊、填充及盖面三道焊接过程。试板组对间隙为 1 mm,采用 MAG 焊进行打底焊;将打底焊后的试板放置于振动平台上,并使用紧固装置固定,后续的填充和盖面过程采用振动焊接工艺进行焊接。

振动焊接工艺的操作流程如下。

(1)首先调整试样的位置,使焊缝位于焊枪喷嘴的正上方,焊枪喷嘴可以平直通过。

(2)启动振动台,调节振动台的频率和振幅,并采用测振仪测量焊接试板上的振动参数,使其达到试验设定值。

(3)开启焊机,焊接电流调整为 260 A,焊接电压调整为 28 V,启动焊接小车进行振动焊接。

(4)焊接结束后,关闭焊机,等待焊缝完全凝固后再关闭振动平台。

打底焊后的试板装夹后振动焊接过程如图 4.3 所示。

(a)　　　　　　　　　　　(b)

图 4.3　振动焊接过程

4.1.3　振动焊接工艺参数

在实施焊接前,需检查坡口表面情况,并采用机械清理等方式对坡口附近的氧化物、油污及其他有害物质进行清理,清理后焊接试板坡口表面呈现出金属光泽。在焊接电流为 260 A,焊接电压为 28 V 的条件下调整焊接速度,焊接速度为 7 mm/s,焊接过程气流量为 18 L/min。为了获得振动频率与振动幅度对焊缝组织及性能的影响,振动焊接工艺参数见表 4.1。

表 4.1　振动焊接工艺参数

相同振幅不同频率			相同频率不同振幅		
试样编号	振动幅度 A/mm	振动频率 f/Hz	试样编号	振动频率 f/Hz	振动幅度 A/mm
1—1		10	2—1		0.025
1—2		20	2—2		0.050
1—3	0.100	30	2—3	50	0.075
1—4		40	2—4		0.100
1—5		50	2—5		0.125
1—6		60	2—6		0.150

4.1.4　焊缝显微组织分析

为了获得焊缝的显微组织,参照 GB/T 13298—2015 进行金相显微组织观察。以焊缝为中心,在焊接试板上切割尺寸为 40 mm×35 mm×8 mm 的试样,切割试样示意图如图 4.4 所示。经打磨抛光获得金相试样,抛光后采用 4% 硝酸酒精溶液对抛光表面进行腐蚀。腐蚀后采用 DMI5000M 显微镜观察焊缝区、热影响区及熔合区的显微组织。

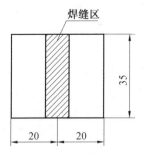

图 4.4　切割试样示意图

4.2 机械振动对焊缝显微组织的影响

4.2.1 振动频率对焊缝区显微组织的影响

由于焊接过程采用多道焊,焊缝组织观察均取第二道焊缝中心位置,图 4.5 显示了振动幅度为 0.100 mm,不同振动频率下的焊缝区显微组织。从图中可观察到,焊缝区主要由先共析铁素体和珠光体组成。图中颜色较浅的部分为铁素体,颜色较深的部分为珠光体。铁素体晶粒主要有两种形态:先共析柱状铁素体及珠光体内部分布的平行的针状铁素体。在无振动条件下,焊缝中柱状铁素体含量较高,针状铁素体较粗大。但在施加机械振动后,焊缝内的柱状铁素体含量及晶粒尺寸均有所减小,针状铁素体的含量减少且晶粒变得更加细小。当振动频率增加时,焊缝内铁素体的细化程度也随之增加,但当振动频率大于 40 Hz 时,频率继续增大对焊缝组织的影响不大。对比图 4.5 中频率为 40 Hz 及 50 Hz 的焊缝组织可发现,当振动频率大于 40 Hz 后,振动频率增加,焊缝内铁素体的细化程度并未出现明显变化。

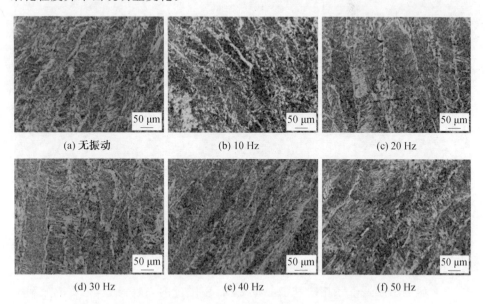

(a) 无振动　　　　　　　(b) 10 Hz　　　　　　　(c) 20 Hz

(d) 30 Hz　　　　　　　(e) 40 Hz　　　　　　　(f) 50 Hz

图 4.5　不同振动频率下的焊缝区显微组织(200×)(A=0.100 mm)

4.2.2　振动频率对熔合区显微组织的影响

振动幅度为 0.100 mm,振动频率分别为 0 Hz(无振动)、10 Hz、20 Hz、40 Hz、50 Hz、60 Hz 的条件下,焊缝熔合区显微组织如图 4.6 所示。图中的取样位置为焊缝区和母材的过渡区域,图 4.6 中线条为熔合线,熔合线一侧为焊缝区,另一侧为热影响区。未施加机械振动的传统 MAG 焊接,焊后焊缝金属与母材金属的熔合线不是很明显,熔合区中铁素体的晶粒粗大。焊缝侧靠近熔合线处存在大量的柱状铁素体晶粒,热影响区靠近熔合线处的铁素体晶粒较粗大。施加机械振动后,焊缝熔合线变得明显,焊缝侧铁素体柱状晶粒尺寸减小,热影响区侧块状铁素体晶粒尺寸也减小。当振幅一定时,随着振动频率的增加,熔合区组织的细化程度增加。

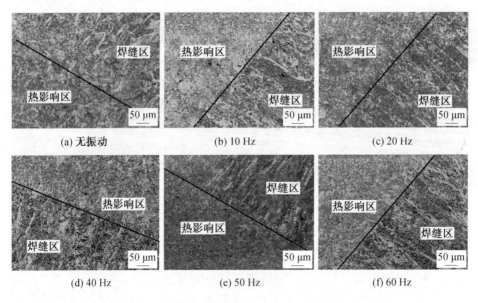

图 4.6　不同振动频率下的焊缝熔合区显微组织(200×)(A=0.100 mm)

焊缝的熔合区又称为半熔化区,它是焊缝金属向热影响区的过渡区域。熔合区的宽度一般不超过 1 mm。熔合区焊缝金属和母材金属的分界线为熔合线,熔合线一侧为完全熔化的焊缝区,另一侧为完全未熔化的热影响区。焊接过程中,熔合区的温度处于固相线和液相线之间,该区域的晶粒粗大,化学成分和组织成分很不均匀,是决定焊缝性能的关键区域。本节主要研究机械振动对熔合区显微组织的影响。

4.2.3　振动幅度对焊缝区显微组织的影响

图 4.7 为相同频率不同振幅下的焊接区显微组织。与无振动焊缝相比,施加机械振动后的焊缝组织更加均匀,柱状铁素体含量减少,针状铁素体细化,焊缝组织更均匀。振动频率不变,随着振动幅度的增加,焊缝组织的均匀程度增加,振幅为 0.100 mm 时,焊缝内铁素体的细化程度最好,针状铁素体含量最多;当振幅大于 0.100 mm 时,铁素体含量及晶粒尺寸有所增加,如图 4.7 中振幅为 0.125 mm 及 0.150 mm 的焊缝区显微组织所示。

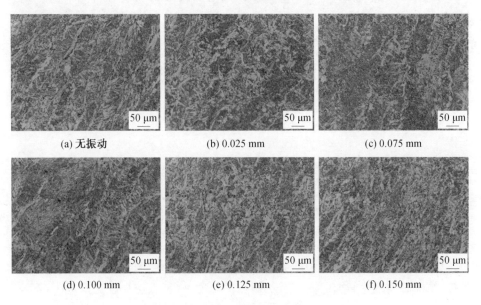

图 4.7　不同振动幅度下的焊缝区显微组织(200×)($f=50$ Hz)

4.2.4　振动幅度对熔合区显微组织的影响

图 4.8 所示是振动频率为 50 Hz,振动幅度为 0.025 mm、0.050 mm、0.075 mm、0.100 mm、0.125 mm 条件下熔合区显微组织。图中线条一侧为焊缝区,另一侧为热影响区。当振动频率为 50 Hz,振动幅度从 0.025 mm 增至 0.100 mm时,焊缝的熔合线逐渐明显,熔合区的显微组织逐渐细化。当振动幅度增大到 0.125 mm 时,焊缝内靠近母材的柱状晶基本消失,且熔合线呈弯曲形状,热影响区的晶粒尺寸增加。

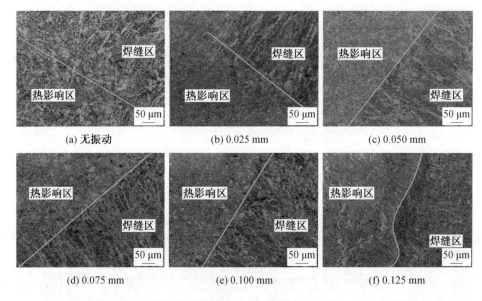

图 4.8 不同振动幅度下的焊缝熔合区显微组织(200×)(f=50 Hz)

4.3 机械振动对焊缝显微组织的影响机理

4.3.1 振动焊接过程中枝晶的受力分析

焊接过程中,熔池金属为液态,机械振动对液态金属的结晶过程的影响主要包括:结晶游离理论、均匀冷却理论、剧烈扰动理论、黏性剪切理论及应力破碎枝晶理论等,其中得到广泛认可的为应力破碎枝晶理论。

在应力破碎理论中,振动引起的强制对流导致先凝固的枝晶臂受剪切作用发生破碎[123],熔池金属对枝晶的作用力可在如下假设的基础上进行分析。假设振动焊接过程中熔池金属跟随振动台一起做周期性振动,结晶过程中熔池内金属液的黏度不变,结晶过程中形成的晶粒为圆柱状。

对熔池内柱状晶上的微段晶粒 dl 进行受力分析,由流体力学可得,微段晶粒 dl 上所受到的力 dF 主要为流体对晶粒的惯性力 dF_1 及流体对晶粒的拖曳力 dF_d,即

$$dF = dF_1 + dF_d \qquad (4.1)$$

熔池做正弦振动,其位移方程为

$$x = A\sin \omega t \qquad (4.2)$$

则熔池金属的加速度方程为

$$a = -A\omega^2 \sin \omega t \tag{4.3}$$

柱状晶所受的振动激振力为

$$dF_z = dma = dmA\omega^2 \sin \omega t \tag{4.4}$$

式中　a——振动加速度。

$$dm = \rho dv = \rho S_1 dl \tag{4.5}$$

式中　dm——单元体质量；

　　　ρ——金属液密度；

　　　S_1——枝晶横截面积；

　　　dv——单元体体积。

根据流体力学[124]，流体对枝晶的惯性力 dF_1 为

$$dF_1 = C_1 dF_z = C_1 \rho S_1 dl A\omega^2 \sin \omega t \tag{4.6}$$

式中　C_1——惯性系数；

　　　dl——枝晶臂长度；

　　　ρ——金属液密度。

由流体力学，拖曳力 dF_d 可根据式(4.7)计算，即

$$dF_d = \frac{1}{2} C_D \rho A_f (\vartheta - \vartheta_p)^2 \tag{4.7}$$

式中　C_D——拖曳力系数；

　　　A_f——枝晶投影面积；

　　　ϑ——流体速度，$\vartheta = x' = A\omega \cos \omega t$；

　　　ϑ_p——枝晶速度，$\vartheta_p = 0$。

则

$$dF_D = \frac{1}{2} C_D \rho d A_f \vartheta^2 \tag{4.8}$$

式中　D——枝晶直径。

则枝晶 dl 上受到熔池金属液的作用力为

$$dF_T = dF_1 + dF_D = C_1 \rho S_1 dl A\omega^2 \sin \omega t + \frac{1}{2} C_D \rho D dl (A\omega \cos \omega t)^2 \tag{4.9}$$

长度为 L 的枝晶上所受的力为

$$F_T = \int_0^L dF_T = C_1 \rho S_1 A\omega^2 \sin \omega t L + \frac{1}{2} C_D \rho D A^2 (A\omega \cos \omega t)^2 L \tag{4.10}$$

$$F_T = C_1 \rho S_1 A \omega^2 \sin \omega t L + \frac{1}{2} C_D \rho D A^2 \omega^2 (1 - \sin^2 \omega t) L \tag{4.11}$$

$$F_{Tmax} = \frac{1}{2} C_D \rho D A^2 \omega^2 L + \frac{(C_1 \rho S_1 A \omega^2 L)^2}{2 C_D \rho D A^2 \omega^2 L} \tag{4.12}$$

$$F_{Tmax} = \frac{1}{2} \omega^2 \left[C_D \rho D A^2 L + \frac{(C_1 \rho S_1 L)^2}{C_D \rho D L} \right] \tag{4.13}$$

式中　$C_D \rho D L$——常数，令其为 R_D；

$\dfrac{(C_1 \rho S_1 L)^2}{C_D \rho D L}$——常数，令其为 R_L。

则

$$F_{Tmax} = 2(\pi f)^2 (R_D A^2 + R_L) \tag{4.14}$$

式中　A——振动幅度；

　　　f——振动频率。

可见振动焊接过程中，机械振动的施加将导致熔池内枝晶受到熔池内液体的作用力而断裂，枝晶所受的作用力与振幅和频率有关。振动频率及振动幅度的增加都将导致晶粒受到的剪切力增大，但振动幅度比振动频率对晶粒作用力的影响小。当振动幅度一定时，振动频率的增加使枝晶上的作用力呈指数级增长。因此，振动焊接过程中，当振动幅度一定时，增加振动频率使熔池内的柱状晶大规模断裂，断裂的枝晶在机械振动对流下被携带至熔体中，充当新的晶核成为非自发形核的核心，促进了焊缝组织的细化。当振动频率一定时，振动幅度的增大同样会使枝晶上的作用力增大，导致枝晶破碎，促进熔池晶粒细化。

4.3.2　振动焊接过程的传热传质分析

振动焊接过程中，机械振动促进了熔池金属的热对流，并加速了焊接试板和空气间的热交换，使熔池内金属液及整个焊板的冷却速度增加。冷却速度的增加将对焊接过程有如下影响：首先，冷却速度的增加将导致熔池金属结晶的过冷度增大，从而焊缝金属的形核率及长大速度均增加，但形核率的增长速度更快，因此增大冷却速度，可使焊缝区晶粒细化。其次，冷却速度的增加有利于针状铁素体的形成，不利于焊缝内块状先共析铁素体的形成及粗化。因此，振动焊接后，焊缝内铁素体的含量降低且焊缝内铁素体细化。随着振动频率及振动幅度的增加，熔池金属的对流和冲击更频繁，熔池内部对流换热及熔融金属和母材的热交换更剧烈，焊缝的冷却速率加快，焊缝区及热影响区组织细化。振动焊接过程中,机械振动促进了熔池内金属液体溶质交换,提高了熔池内溶质交换的速率,抑制了熔池内的成分起伏。

焊接过程中,机械振动向熔池输入振动能量,振动能量的大小为

$$E = E_k + E_p \tag{4.15}$$

式中 E——振动能量;

E_k——动能,其计算公式为

$$E_k = \frac{1}{2} kA^2 \sin^2(\omega t + \varphi) \tag{4.16}$$

E_p——势能,其计算公式为

$$E_p = \frac{1}{2} kA^2 \cos^2(\omega t + \varphi) \tag{4.17}$$

将式(4.16)、式(4.17)代入式(4.15),得

$$E = \frac{1}{2} kA^2 \tag{4.18}$$

由式(4.15)可知,振动能量的大小与振动幅度的平方成正比,振动幅度的增加向熔池输入的振动能量增加,促进了熔池的搅拌。当振动幅度过大时,焊缝熔合区的液态金属运动过于剧烈,焊接过程中,熔池的不可控性增大,最终使熔合线变得不规则,焊缝区与热影响区过渡不平滑,如图 4.7 振幅为 0.125 mm 的显微组织所示,振幅进一步增大将影响焊缝成形并产生焊接缺陷。随着振幅的增加,向熔池输入的振动能量增加,当振动频率为 50 Hz,振幅达到 0.125 mm 时,盖面过程中液态金属在母材上铺展宽度增加,因此当振动频率为 50 Hz 不变,振动幅度增加到 0.125 mm 时,热影响区的晶粒尺寸均有所增大,如图 4.7 所示。

4.4 本章小结

为了研究机械振动对焊缝显微组织的影响规律,本章采用了控制变量法进行不同振动参数的振动焊接试验,分析了焊后焊缝的显微组织。研究结果表明,振动焊接过程中,改变振动幅度或振动频率对焊缝区及熔合区显微组织有较大影响。

施加机械振动后,焊缝区及熔合区显微组织细化,但当振动频率或振动幅度过大时,焊缝的晶粒尺寸有所增大。晶粒细化的主要原因为施加机械振动后,熔池内晶粒受到剪切力导致枝晶破碎,促进了熔池内非均匀形核,细化了焊缝区显

微组织;此外,振动焊接过程中,机械振动促进了熔池及焊板的冷却,有利于焊缝区及热影响区组织的细化。机械振动向熔池输入机械能,加速了熔池的搅拌,施加机械振动后,焊缝熔合线更加明显,但当振动频率达到 0.125 mm 时,焊缝熔合区的液态金属运动过于剧烈,焊缝熔池的不可控性增大,最终使熔合线变得不规则,热影响区的晶粒尺寸增大。

第5章 振动焊缝延寿机理分析

焊缝力学性能的研究对于确保焊接结构的正常运行和提高其疲劳寿命至关重要。对焊缝的力学性能进行研究,可以了解焊缝在受力作用下的响应特性,可以获得极限条件下的破坏形态和破坏原因,从而为合理设计和优化焊缝提供理论依据。本章主要对不同振动参数下焊缝的显微硬度、拉伸性能、冲击性能及疲劳性能进行了测试,分析了振动幅度和振动频率对焊缝力学性能的影响规律。

5.1 机械振动对焊缝显微硬度的影响

5.1.1 显微硬度测定方法

按照 GB/T 27552—2021《金属材料焊缝破坏性试验 焊接接头显微硬度试验》对焊接接头进行硬度检测。硬度测试前,为了区分焊缝母材、热影响区及焊缝区,采用 4% 的硝酸酒精溶液对抛光后的试样进行腐蚀。利用 ZHJ250 硬度试验机进行硬度测定,焊缝硬度测试点位置及 ZHJ250 硬度试验机如图 5.1 所示。

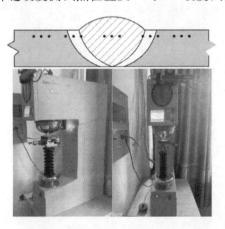

图 5.1 焊缝硬度测试点位置及 ZHJ250 硬度试验机

5.1.2　振动频率对焊缝显微硬度的影响

为了研究振动频率对焊缝显微硬度的影响规律,对振动幅度为0.100 mm,振动频率为 0 Hz、20 Hz、40 Hz、60 Hz 振动焊接后的焊缝进行硬度检测。焊缝显微硬度与振动频率的关系如图 5.2 所示。从图中可以发现,传统 MAG 焊与振动焊接获得的焊缝显微硬度分布规律相似,焊缝母材区硬度最低,焊缝区硬度居中,热影响区硬度最大,且靠近焊缝的热影响区硬度较高,而靠近母材的热影响区硬度较低。

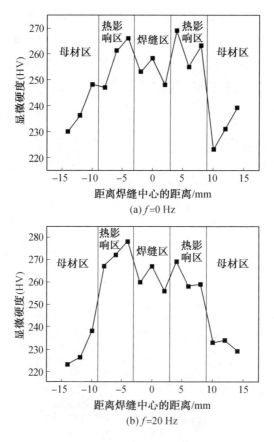

图 5.2　焊缝显微硬度与振动频率的关系

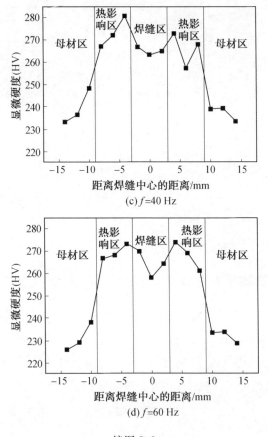

(c) *f*=40 Hz

(d) *f*=60 Hz

续图 5.2

图 5.3 为振动幅度 0.100 mm,不同振动频率下焊缝处的显微硬度对比图。从图中可以发现,焊缝母材区的显微硬度最低,其硬度约为 HV235,机械振动对母材区的显微硬度无明显影响。焊缝区的显微硬度高于母材区,无振动条件下,焊缝区的显微硬度为 HV253。当振动频率从 0 Hz 增加到 40 Hz 的过程中,随着振动频率的增加,焊缝区的显微硬度逐渐增加。当振动频率为 40 Hz 时,焊缝区的显微硬度为 HV264。振动频率从 40 Hz 增加到 60 Hz 的过程中,焊缝区的显微硬度保持不变。整个焊缝处,热影响区的硬度最大,无振动条件下,热影响区的显微硬度为 HV260。振幅为 0.100 mm,振动频率在 0～60 Hz 范围内变化时,随着振动频率增加,热影响区的显微硬度逐渐增大,当振动频率为 60 Hz 时,热影响区的显微硬度为 HV274。

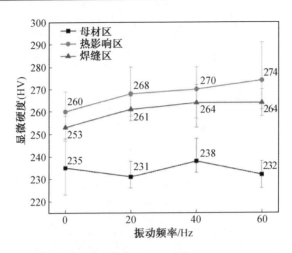

图 5.3　不同振动频率下焊缝处的显微硬度对比图($A=0.100$ mm)

5.1.3　振动幅度对焊缝显微硬度的影响

为了获得振动幅度对焊缝显微硬度的影响规律,对无振动及相同振动频率 50 Hz、振动幅度为 0.025 mm 的焊缝进行显微硬度测试,焊缝显微硬度与振动幅度的关系如图 5.4 所示。从整体来看,焊缝显微硬度分布同样为母材区的显微硬度最低,焊缝区的显微硬度居中,热影响区的显微硬度最大。

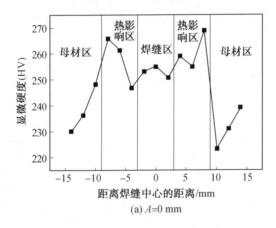

(a) $A=0$ mm

图 5.4　焊缝显微硬度与振动幅度的关系

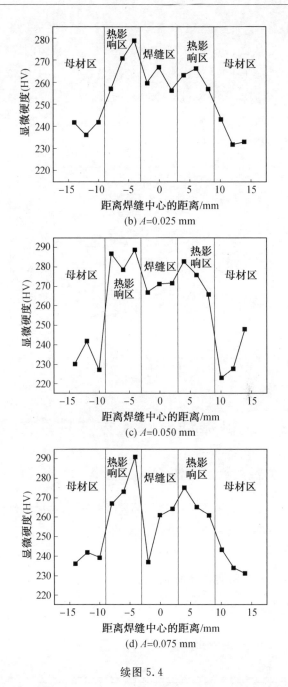

(b) A=0.025 mm

(c) A=0.050 mm

(d) A=0.075 mm

续图 5.4

　　图 5.5 为振动频率为 50 Hz,不同振动幅度下焊缝处的显微硬度对比图。从图中可发现,随着振动幅度的增加,焊缝区和热影响区的显微硬度变化规律相

同,随着振动幅度的增加,焊缝区和热影响区的显微硬度呈现先增大后减小的变化规律。振动幅度从 0 mm 增加到 0.050 mm 时,焊缝区的显微硬度从 HV253增大到 HV270,增加了 6.7%;热影响区的显微硬度从 HV260 增加到 HV280,增加了 7.69%。当振动幅度超过 0.050 mm 时,焊缝区的显微硬度开始大幅度下降。当振动幅度继续增大到 0.075 mm 时,焊缝区的显微硬度减小到 HV254,热影响区的显微硬度减小为 HV272。

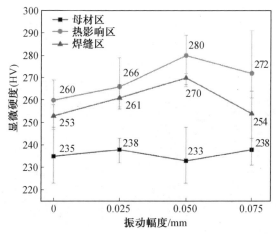

图 5.5　不同振动幅度下焊缝处的显微硬度对比图($f=50$ Hz)

5.2　机械振动对焊缝拉伸性能的影响

5.2.1　拉伸性能测定方法

焊缝室温拉伸试验是按照 GB/T 2651—2023《金属材料焊缝破坏性试验横向拉伸试验》进行的,沿着垂直于焊缝的方向取样。为了获得振动焊接对焊缝拉伸性能的影响,对打底焊及盖面层进行铣削获得拉伸试样(图 5.6),所采用的拉伸设备及拉伸试验过程如图 5.7 所示。

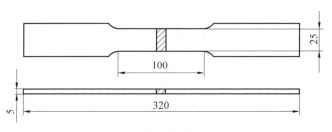

图 5.6　焊缝拉伸试样图

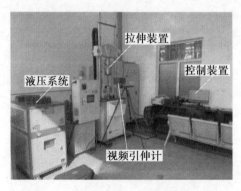

图 5.7　拉伸设备及拉伸试验过程

5.2.2　振动频率对焊缝拉伸性能的影响

为了研究振动频率对焊缝拉伸性能的影响,对振动幅度为 0.100 mm,振动频率分别为 0 Hz、20 Hz、40 Hz、60 Hz 振动焊缝进行了拉伸试验,获得了不同振动频率焊缝区的拉伸性能。为保证试验的准确性,同一焊接参数的焊缝进行了 3 次平行试验。试验后焊缝的拉伸性能为 3 个试样拉伸数据的平均值,不同振动频率下焊缝的拉伸性能数据见表 5.1。

表 5.1　不同振动频率下焊缝的拉伸性能数据($A=0.100$ mm)

振动频率/Hz	0	20	40	60
抗拉强度/MPa	587.7	595	596.7	582.7
断后伸长率/%	17.9	19.68	21.55	16.36
断面收缩率/%	39	41	45	37

根据表 5.1 获得的振动频率对焊缝拉伸性能的影响如图 5.8 所示。图 5.8(a)所示为振动频率与焊缝抗拉强度的关系,随着振动频率的增加,焊缝的抗拉强度先增大后减小。在无振动条件下,焊缝的抗拉强度为 587.7 MPa,振动频率增大到 40 Hz 时,焊缝抗拉强度达到峰值 596.7 MPa,振动频率继续增大到 60 Hz 时,焊缝抗拉强度降低到 582.7 MPa,其值低于无振动条件的抗拉强度。试样断后伸长率和断面收缩率与振动频率的关系如图 5.8(b)所示。随着振动频率的增加,焊缝断后伸长率和断面收缩率均呈现先增大后减小的趋势,并都在振动频率为 40 Hz 时达到最佳值,断后伸长率为 21.55%,断面收缩率为 45%。

当振动频率超过 40 Hz 时,焊缝的拉伸性能变差,原因主要是:振动幅度为 0.100 mm,当振动频率大于 40 Hz 时,机械振动增加了熔池内晶粒之间的接触机会,将有利于结晶过程中晶粒之间的相互熔合导致晶粒粗化,使焊缝区的拉伸性能(抗拉强度、断后伸长率、断面收缩率)下降。

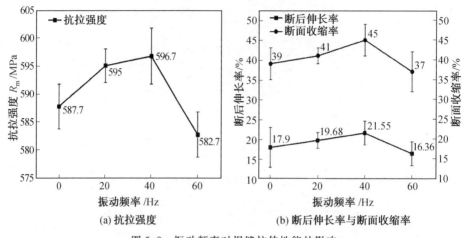

(a) 抗拉强度　　　　　　(b) 断后伸长率与断面收缩率

图 5.8　振动频率对焊缝拉伸性能的影响

5.2.3　振动幅度对焊缝拉伸性能的影响

表 5.2 为振动频率为 50 Hz,不同振动幅度下焊缝的拉伸性能数据。由表 5.2 中数据获得振动频率一定时,振动幅度对焊缝拉伸性能的影响,如图 5.9 所示。图 5.9(a)所示为振动幅度与焊缝抗拉强度的关系,从图中可以发现,随着振动幅度的增加,焊缝的抗拉强度先增大后减小,当振动幅度增加到 0.050 mm 时,焊缝的抗拉强度达到最大值 595 MPa。图 5.9(b)所示为振动频率相同,不同振动幅度时的试样断后伸长率和断面收缩率。随着振动幅度的增加,焊缝的断面收缩率和断后伸长率呈先增大后减小的变化规律。振动频率为 50 Hz,振动幅度为 0.025 mm 时,焊缝的断后伸长率和断面收缩率最大。振动幅度增大到 0.050 mm 以上时,因为振动幅度过大,焊缝缺陷率增大,缺陷率的增加导致焊缝的拉伸性能下降。

表 5.2　不同振动幅度下焊缝的拉伸性能数据($f=50$ Hz)

振动幅度/mm	0	0.025	0.050	0.075
抗拉强度/MPa	587.7	594.3	595	570.7
断后伸长率/%	17.9	20.58	19.65	17.34
断面收缩率/%	39	46	43	36

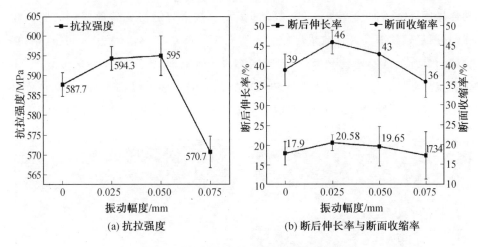

(a) 抗拉强度　　　　　　(b) 断后伸长率与断面收缩率

图 5.9　振动幅度对焊缝拉伸性能的影响

5.2.4　拉伸断口分析

图 5.10 所示为焊缝拉伸断口的宏观形貌,从图中可以发现,振动焊接拉伸试样断口变形较严重,拉伸断口通常分为三个区域:纤维区、放射区和剪切唇区。纤维区位于断口的中央,是材料处于平面应变状态下发生的正断裂,呈粗糙的纤维状;放射区紧挨着纤维区,是裂纹由缓慢扩展向快速不稳定扩展转化的区域,呈放射状花样;剪切唇区最后断裂,是平面应力状态下发生的切断型断裂,呈光滑的剪切面,与拉伸应力成 45°角。

图 5.10　焊缝拉伸断口的宏观形貌

利用扫描电镜对无振动焊接和振动焊接($f = 20$ Hz, $A = 0.100$ mm)拉伸断口形貌进行分析,不同条件下焊缝试样拉伸断口形貌如图 5.11 所示。图 5.11(a)、(b)分别为无振动和振动焊缝拉伸断口的宏观形貌。图 5.11(c)、(d)分别为无振动和振动焊缝拉伸断口剪切唇区的微观形貌,剪切唇区主要为伸长型韧窝,且振动焊接后韧窝的伸长程度较大,这说明振动焊接后焊缝协调外界变形的能力较强,其断后延长率及断面收缩率较大。图 5.11(e)、(f)分别为无振动和振动焊缝拉伸断口纤维区的显微形貌,纤维区主要为等轴韧窝,但韧窝大小有所差别,无振动拉伸断口纤维区的韧窝尺寸较大。与无振动焊接焊缝相比,振动拉伸断口纤维区平滑,韧窝尺寸较小,韧窝数量明显增加。韧窝是指韧性断裂断口的微观

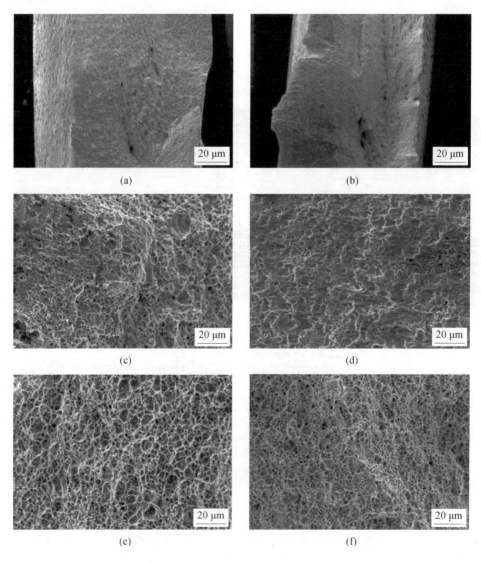

图 5.11　不同条件下焊缝试样拉伸断口形貌

((a)、(c)、(e)为无振动,(b)、(d)、(f)为振动焊接)

形貌呈现出韧窝状,韧窝的形成包含了微孔形成、长大和聚集的过程。在外力作用下,材料将产生塑性变形。塑性变形过程中,材料内部第二相质点和夹杂物处将形成微孔。随着外力的增大,微孔将长大并聚集,最终导致材料断裂。其中,第二相质点和夹杂物处为韧窝的形成核心,第二相质点的数量越多,尺寸越小,形成的韧窝越密集。振动焊接过程促进了熔池内第二相质点的细化,导致焊缝断口处的韧窝数量增加,提高了焊缝的断后延长率和断面收缩率。

5.3　机械振动对焊缝冲击性能的影响

5.3.1　冲击性能试验

为了获得焊缝的冲击韧性,按照 GB/T 2650—2022《金属材料焊缝破坏性试验　冲击试验》对焊缝金属进行冲击试验[125],所用冲击试样的尺寸为 5 mm× 10 mm×55 mm。冲击试验取样位置如图 5.12 所示。具体试验步骤如下:①准备并清洗冲击试样;②将试样放入低温槽中冷却至−40 ℃,冷却时间约为 5 min; ③调整试验设备的参数;④进行冲击试验并记录数据。为保证试验结果的准确性和可靠性,同一试验条件的冲击韧性均为 3 个有效数据的平均值。

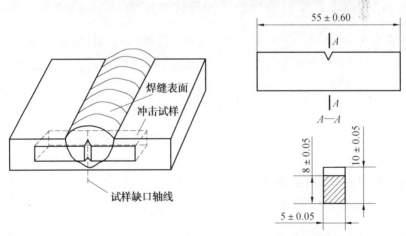

图 5.12　冲击试验取样示意图

5.3.2　振动频率对焊缝区冲击性能的影响

振动幅度为 0.100 mm,振动频率在 0~60 Hz 变化时,焊缝区冲击吸收功变化如图 5.13 所示。无振动时,焊缝区的冲击吸收功为 44 J,施加机械振动后,随着振动频率的增加,焊缝区冲击吸收功呈现先增大后减小的变化规律。当振动频率为30 Hz时,焊缝区冲击吸收功最大,为 57 J;当振动频率超过 40 Hz 后,焊缝区冲击吸收功大幅度下降;当振动频率为 60 Hz 时,焊缝区冲击吸收功为29 J,与无振动相比,焊缝区冲击吸收功下降了 34%。

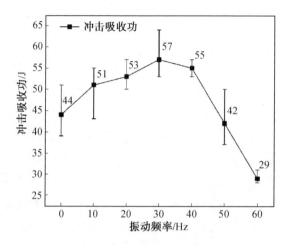

图 5.13 焊缝区冲击吸收功与振动频率的关系

5.3.3 振动幅度对焊缝区冲击韧性的影响

振动频率为 50 Hz 不变,振动幅度为 0~0.125 mm 时,随着振动幅度的增加,焊缝区冲击吸收功先增大后减小,具体变化如图 5.14 所示。振动频率为 50 Hz,振动幅度从 0 mm 增加到 0.050 mm 时,焊缝区冲击吸收功逐渐增大,振动幅度为 0.050 mm 时,焊缝区冲击吸收功最大,其数值为 55 J,冲击韧性最好。振动幅度从 0.050 mm 增大到 0.125 mm 时,随着振动幅度的增大,焊缝区冲击吸收功减小,冲击韧性降低。振动幅度大于 0.100 mm 时,焊缝区冲击吸收功低于无振动时焊缝区冲击吸收功,振动幅度增大到 0.125 mm 时,焊缝区冲击吸收功为 34 J,与无振动相比,下降了 22.7%。

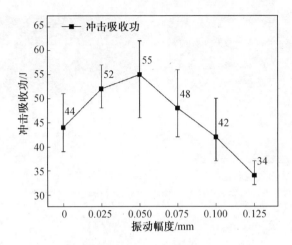

图 5.14　焊缝区冲击吸收功与振动振幅关系

5.3.4　冲击断口分析

无振动焊缝冲击断口形貌如图 5.15 所示。冲击断口主要可分为三部分:剪切唇区、纤维区和放射区三部分。冲击过程中,缺口底部受拉应力裂纹从缺口处开始萌生,缺口处材料屈服后发生塑性变形形成纤维区。裂纹从纤维区向缺口后方扩展,随着试样的变形,在纤维区下方形成放射区。随着裂纹的扩展,当裂纹由受拉应力的放射区进入受压区时,试样缺口对向可能出现二次纤维区,剪切唇区位于纤维区两侧。图 5.15(a)所示为断口宏观形貌,从图中可以发现,断口可分为 4 个区域。图 5.15(b)所示为断口纤维区显微形貌,纤维区的显微形貌以韧窝为主,纤维区上存在很多撕裂裂纹,为韧性断裂区。图 5.15(c)所示为纤维区与放射区过渡区。放射区主要为解理断裂,解理面上存在二次裂纹,如图 5.15(d)所示。二次纤维区以解理断裂为主断面小范围内存在韧窝,如图 5.15(e)所示。与放射区相似,剪切唇区也以脆性接力断裂为主,如图 5.15(f)所示。

图 5.16 所示为振动焊接焊缝冲击断口形貌,与无振动类似,振动焊接后,断口同样包含 4 个区域,但各区域所占比例及显微形貌有所区别。施加机械振动后,断口的纤维区及剪切唇区面积增大,放射区面积减小。振动焊接后,纤维区不平整度增加,纤维区撕裂裂纹尺寸增大,如图 5.16(b)所示。放射区同样为解理断裂,存在一定量的二次裂纹如图 5.16(d)所示。施加机械振动后,二次纤维区存在较多的撕裂韧窝,如图 5.16(e)所示。振动焊接后,剪切唇区以韧性断裂为主,而非脆性断裂,如图 5.16(f)所示。

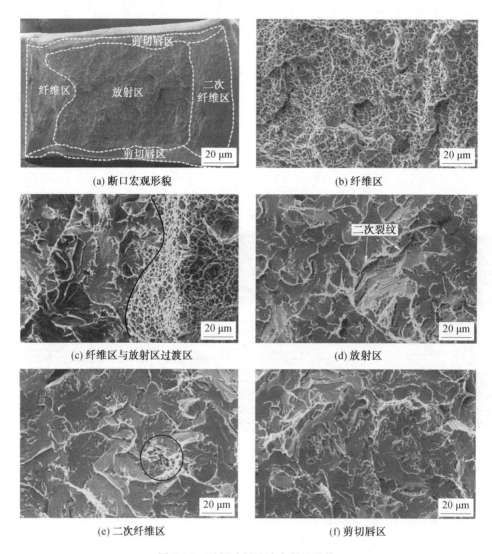

(a) 断口宏观形貌

(b) 纤维区

(c) 纤维区与放射区过渡区

(d) 放射区

(e) 二次纤维区

(f) 剪切唇区

图5.15 无振动焊缝冲击断口形貌

冲击断口上剪切唇区、纤维区、放射区3个区域的面积大小是决定冲击性能的关键[126-127]。断裂过程中,纤维区具有较多韧窝,纤维区面积大材料的塑形和韧性较好。放射区一般呈解理断裂状态,放射区较大的材料塑形韧性较差。对比图5.15(a)及图5.16(a)可发现,振动焊接后冲击断口纤维区面积增大,放射区面积减小,断口剪切唇区韧窝数量及深度增加,振动焊接后试样的冲击性能提高。原因主要是:焊接过程中施加机械振动可减少焊缝内非金属夹杂物的数量,冲击过程中非金属夹杂物可充当断裂裂纹的形核位置,非金属夹杂物的减少将

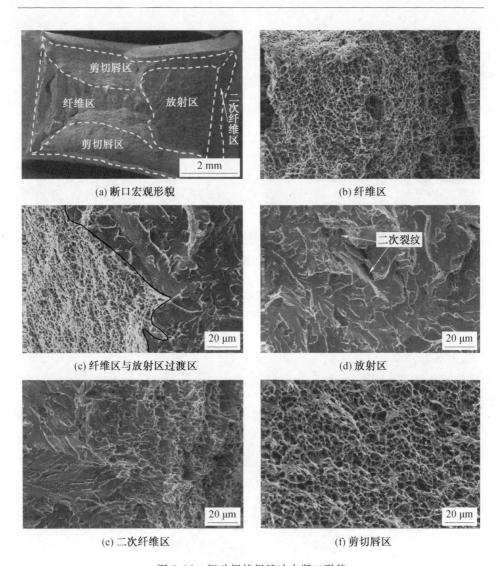

(a) 断口宏观形貌　　　　　　　　　(b) 纤维区

(c) 纤维区与放射区过渡区　　　　　(d) 放射区

(e) 二次纤维区　　　　　　　　　　(f) 剪切唇区

图 5.16　振动焊接焊缝冲击断口形貌

提高焊缝的冲击韧性。此外,振动焊接过程中,适当振动幅度和振动频率的施加可细化焊缝区及热影响区的显微组织,由于细晶强化的作用,因此焊缝区的冲击韧性将增大。振动焊接过程将增大熔池的冷却速率,提高熔池金属的过冷度,增大针状铁素体的形核驱动力,针状铁素体的形成有利于提高材料的抗冲击性能[128]。但当振动频率和振动幅度过大时,振动对焊接热过程的影响过大,可能导致焊缝处产生气孔、裂纹,降低焊缝的抗冲击性能。

5.4   机械振动对焊缝疲劳性能的影响

5.4.1   疲劳性能试验

为了对比分析传统焊缝及振动焊接焊缝的疲劳性能,结合前面章节振动焊接后焊缝显微组织及力学性能变化,选择传统 MAG 平板对接焊接试样和振动幅度 0.100 mm、振动频率 40 Hz 的振动焊接平板对接试样进行高周疲劳性能测试。

在疲劳试验中,采用的是横轴加载方法进行的轴向单轴疲劳试验。试样所受的载荷方向为垂直于焊缝方向。通过疲劳试验机提供一定频率的循环载荷,试样承受拉-拉变动载荷,直至试样发生疲劳断裂。记录了交变应力的循环次数和拉伸过程中试样标距间的轴向位移,当试样发生疲劳断裂时,记录该循环次数为试样的疲劳寿命。

试验采用 5 mm 厚的 Q450NQR1 钢板,去除焊缝余高,试样形状与拉伸试样相同(图 5.6)。试验在中机伺服液压疲劳试验机上进行,加载装置如图 5.17 所示。

图 5.17   加载装置

1.应力比的选择

应力比是指进行疲劳试验时,施加的应力的最高值与最低值之间的比值,应力比是衡量疲劳试验过程中试样应力范围大小(应力变化程度)的物理量。一般情况下,应力比较小时,试样的疲劳寿命较长,应力比较大时,试样的疲劳寿命较短。本试验应力比选择为 $R=0.1$。

2. 加载参数

根据 5.2 节获得试样抗拉强度在 570～600 MPa 范围内,疲劳试验一般优先选择 0.7 倍的抗拉强度作为加载应力,本试验所用试样 0.7 倍的抗拉强度对应的应力范围为 399～420 MPa。本试验所选的最大加载应力为 400 MPa,其对应的最大加载力为 50 kN,试验选用的应力比 R 为 0.1,对应的最小应力为 40 MPa,对应的最小加载力为 5 kN。

3. 加载频率

疲劳试验过程中,应力比及加载力相同的情况下,加载频率决定了试样的应变速率。加载频率较低时,单个循环时间较长,最大应力在材料上的作用时间较长,该应力下材料的塑性变形更充分,与加载频率较高的试样相比,试样损伤更严重,其疲劳寿命较短。加载频率较高时,应变速率较大,较高的应变速率产生较高密度的位错,需要较高的应力幅值才能引起一定的塑性变形。此外,加载频率较低时,疲劳试验周期较长,综合考虑试验周期及试样的应变速率,本试验选取的加载频率为 20 Hz。试验过程中,疲劳试验载荷曲线如图 5.18 所示。

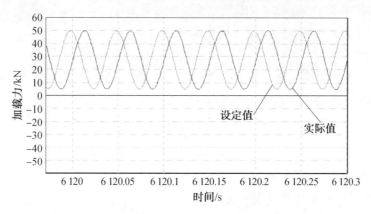

图 5.18　疲劳试验载荷曲线

5.4.2　试验结果与分析

疲劳破坏试样如图 5.19 所示,可以观察到,对接焊缝的断裂位置多数在焊缝处,少部分断裂位置在圆弧过渡段附近。未施加机械振动(MAG)及振动焊接试样的疲劳试验结果见表 5.3。

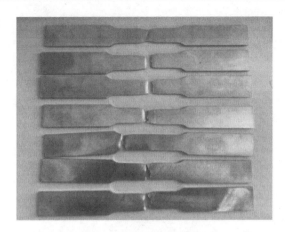

图 5.19   疲劳破坏试样

表 5.3   未施加机械振动(MAG)及振动焊接试样的疲劳试验结果

(最大应力 400 MPa、$R=0.1$、加载频率 20 Hz)

试样编号	MAG—1	MAG—2	MAG—3	振动焊接—1	振动焊接—2	振动焊接—3
循环次数	178 164	147 034	165 987	206 224	194 589	205 947

由表 5.3 可见,相同加载条件下,振动焊接疲劳循环次数明显高于传统焊接,增幅为 23.5%。这是由于施加振动可以显著细化 Q450NQR1 焊缝的显微组织,提高焊缝的力学性能,从而达到增加焊缝疲劳性能的效果。

5.4.3   疲劳断口分析

典型的疲劳断口按形成的先后顺序可分为疲劳萌生区、疲劳扩展区和疲劳瞬断区三个区域。疲劳萌生区在整个断口所占面积最小,一般位于材料的表面及亚表面的应力集中处。裂纹在疲劳萌生区扩展速度缓慢,且裂纹表面受摩擦及挤压次数较多,裂纹源表面相对较平坦;疲劳扩展区是疲劳裂纹形成,裂纹缓慢扩展的区域,由于加载过程中应力大小及应力状态的改变,因此该区域具有疲劳弧线。疲劳瞬断区的形成主要由于疲劳裂纹的不断扩展,试样上承载面积逐渐减小,所受应力逐渐增大,当应力达到材料的抗拉强度时发生损失断裂,疲劳瞬断区面积的大小与所施加的最大载荷有关,当最大载荷较大时,疲劳瞬断区的面积较大。

相关研究表明,疲劳裂纹扩展寿命占总疲劳寿命的 90%,分析无振动及振动焊接后试样疲劳裂纹扩展阶段显微断口的区别,对获得振动焊接后焊缝疲劳延寿机理具有重要意义。图 5.20 所示为无振动及振动焊接后焊缝疲劳断口形貌。断口的宏观形貌可以看出疲劳萌生区、疲劳扩展区和疲劳瞬断区三个区域，但由于本试验采用非圆形试样，因此与圆形试样相比，三个区域的分界线不明显。疲劳扩展区存在一定数量的二次裂纹，二次裂纹与疲劳弧线平行。无振动试样疲劳扩展区二次裂纹数量较多，尺寸较大。疲劳扩展区二次裂纹一般形成于两条疲劳条带的交界处，不同疲劳条带之间的塑性变形量存在差异，疲劳条带交界处存在应力集中，应力的释放将导致二次裂纹的产生。与无振动相比，振动焊接后焊缝的晶粒细化，焊缝处塑性较好，产生应力集中后，晶粒间协调变形能力增大，二次裂纹数量减少，接头抗疲劳破坏能力增强。

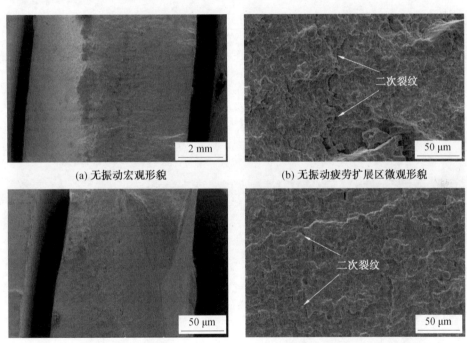

(a) 无振动宏观形貌   (b) 无振动疲劳扩展区微观形貌

(c) 振动焊接宏观形貌   (d) 振动焊接疲劳扩展区微观形貌

图 5.20 无振动及振动焊接后焊缝疲劳断口形貌

5.5 本章小结

在 Q450NQR1 高强度耐候钢 MAG 焊接中施加机械振动可以提高焊缝的力学性能。振动幅度一定时，随着振动频率的增加，焊缝的综合力学性能先增大后减小。当振动频率一定时，随着振动幅度的增加，焊缝的力学性能与上述变化趋势相同。并且振动频率为 40 Hz、振动幅度为 0.100 mm 的焊缝综合力学性能较好,焊缝的显微硬度为 HV270,热影响区的显微硬度为 HV264,抗拉强度为 596.7 MPa,断后延长率为 21.55%,断面收缩率为 45%,冲击吸收功为 54.7 J。在焊缝的疲劳性能方面,振动频率为 40 Hz、振动幅度为 0.100 mm 的振动焊接有效地提高了 Q450NQR1 焊缝的疲劳性能,焊缝的循环次数增至 2.02×10^5 次,相比于传统 MAG 焊接循环次数提高了 23.5%。

第6章 振动焊接残余应力分析及工艺优化

通过控制变量或正交试验的方法可以获得焊接工艺参数对焊缝显微组织及力学性能的影响规律。但上述试验过程试验量大、试验周期长、试验过程需要耗费大量的人力物力,试验成本高。随着计算机技术的发展,有限元分析技术可以在不影响实际生产过程的情况下,对产品的性能和特性进行预测和评估,且分析过程可以方便地定义和修改所需参数,获得相应参数对分析结果的影响规律。焊接理论的完善促进了有限元分析技术在焊接过程中的应用。采用有限元分析技术可以较准确地获得焊接工艺参数对焊接过程中的温度场、应力场、应变场和组织结构的影响规律。现阶段采用有限元分析手段对焊接工艺参数优化的研究较多,但利用有限元分析技术对振动焊接过程进行分析计算的研究结果较少。

本章基于传统 MAG 焊,在焊接过程中施加机械振动,实现振动焊接过程,以期实现细化焊缝组织、改善焊缝力学性能的目的。为减少试验次数,节省试验及时间成本,主要利用 ANSYS Workbench 有限元分析软件,对不同振动参数获得的 Q450NQR1 平板对接焊缝的应力场进行了模拟,分析振动参数对残余应力的影响。依据 Minitab 分析得到拟合回归方程,采用响应优化得到焊后残余应力最小的参数组合。

6.1 焊接过程有限元分析研究现状

随着计算机技术的快速发展,有限元分析技术已经成为解决各种工程问题的一种有效手段,也是今后焊接技术发展的一种新趋势,对当代工程的发展起到了积极的促进作用。

目前,已有许多研究采用有限元方法来预测焊接变形和残余应力。20 世纪 70 年代,日本科学家上田心熊进行了温度对材料热塑性的影响规律分析,这一研究结果为焊接的非线性动态分析提供了理论基础。随后,以 Ueda 等人[129]为代表的研究人员采用热弹塑性有限元方法获得了焊接过程温度场、应力场及应变。经历几十年的发展,目前已建立了常用钢种、有色合金不同焊缝形式的单道焊、多道焊的数值模型。随着有限元仿真技术的不断完善,对焊缝中的温度场和残余应力的分布有了更多的了解,从最初的定性分析到后来的定量分析。加拿大的柯尔特和詹姆斯编写了程序,分析了常规的单层、双层 U 形坡口和非规则平面的焊接温度场。Nakashiba、Nishimur、Afu-jikake 等人采用有限元方法,考虑到物理参数的特点(如 PVC 材料的比热容和热导率随温度变化),建立了型材熔融接头的整体传热模型[130]。随着对材料性能及焊接过程认识的加深,数值计算精度得到了极大的提高,计算结果与试验结果可以很好地符合[131-134]。

2014 年,Islam 等人为优化焊接工艺参数获得较小的焊接结构变形量,建立基于耦合遗传算法(GA)和有限元分析(FEA)的数值优化框架,利用经典弱耦合热力学分析,采用热弹塑性假设对焊接变形进行预测,研究低保真度和高保真度的模型,最终获得了更好的优化结果[135]。2017 年,Lee 等人利用 ABAQUS 模拟3D 交流电阻点焊工艺过程,获得焊接后熔核尺寸及熔核形状,将模拟结果与试验结果进行对比,验证模型的准确性,利用该模型对 SPRC340 钢不同焊接参数电阻点焊熔核形状及大小进行了预测[136]。Novotn 等人采用有限元方法对普通填充材料和低相变温度(LTT)填充材料的焊接过程瞬时温度场及应力场进行数值模拟,研究结果表明,LTT 焊接材料可降低焊缝的残余拉应力,使整个焊缝的残余应力分布更合理[137]。

我国对于焊接数值模拟的研究也开始较早,近几年来逐步发展成熟。朱正强教授采用 ABAQUS 有限元分析软件建立钛合金超声焊接的二维轴对称模型,分析不同焊接参数下钛合金的超声焊接过程的温度场及应力场,研究焊接过程温度场及焊后应力场对焊接试样疲劳行为的影响[138-140]。胡效东等人采用有限元分析技术对 304/Q345R 复合板的焊接过程进行了数值模拟,获得焊接过程温度场的变化规律及焊后残余应力的分布,并采用盲孔法测得焊后残余应力对模型的准确性进行验证[141]。为了改善焊接有限元分析过程中建模效率及精度受建模人员经验影响较大的问题,张卫红等人采用多软件协同计算的方法较准确地获得热源参数[142]。杨帆等人通过建立了铝合金激光焊的热—力耦合模型,采用数值传递法,在引入力—热耦合模型的时效处理的基础上建立焊接与超声冲击处理的耦合模型,建立焊后 A-UIT 处理模型,以此来分析经过不同处理方法焊缝的残余应力分布和特点[143]。Li 等人采用热弹性有限元方法(FEM)模拟了惰性气体辅助激光电弧焊(TIG)(A-LWB)的铝/钢对接接头的热力学行为[144]。Lei 等人采用轮廓法和有限元模拟法相结合的方法,预测了铝锂合金结构件激光焊接的残余应力分布,模拟结果与轮廓法的计算结果一致[145]。

由于焊接残余应力的集中会对焊缝质量产生很大影响,因此这不仅会导致结构的刚度和稳定性下降,而且温度、环境和其他因素的综合影响也会对疲劳强度、抗脆性断裂、抗应力腐蚀开裂和高温蠕变开裂产生重大影响[146-149]。当前,对残余应力的检测主要是通过盲孔法、磁测法和 X 射线法等来进行的[150-152],虽然残余应力检测方法是一种定量检测技术,但上述检测方法存在一些缺陷,如检测精度低、误差大等问题。所以,利用数值仿真的解析方法可以有效地提高振动焊缝的测试准确度[152-154]。

总而言之,关于焊接残余应力和变形的有限元仿真,很多以前存在的问题都有了解决的可能。在振动焊接研究中,因其影响焊接质量的参数较多,采用试验方法获得的数据具有误差,对焊接应力及变形的影响较大,必须进行大量的试验,降低研究效率。因此,采用有限元仿真技术实现铁路货车用钢焊接工艺参数优化具有重要工程价值及学术价值。

有限元方法是一种数值分析方法,主要用于解决物理问题中的积分和偏微分方程。有限元方法本质上是将物理区域划分为若干个小单元来离散一个连续的物理问题,每个小单元内的场变量都可以用简单的多项式来近似表示。伴随着计算机技术的飞速发展和普及,最初只在航空领域使用的有限元方法,已经扩展到所有主要科学领域,并逐渐成为解决困难模拟问题的重要方法。

有限元方法的主要步骤包括:①离散化。将物理区域分割成有限个小单元,每个小单元内的场变量用多项式近似表示。②建立刚度矩阵和载荷向量。根据小单元内的场变量,组织形成整个系统的刚度矩阵和载荷向量。③求解。通过矩阵运算求解出系统的节点位移和应力、应变分布。④后处理。对求解结果进行有效的后处理,例如,应力、应变、位移变化等。

焊接有限元分析是指依靠有限元分析软件对焊接过程进行仿真模拟,以得到焊后构件的温度场及应力场分布情况,从而评估焊接对焊件的影响,并为优化焊接工艺提供依据[134]。焊接有限元分析可以减少试验测试的次数,降低试验成本,提高研发效率,预测复杂结构或材料的焊接性能,避免设计缺陷或失效,探索不同的焊接参数和方法,寻找最佳方案。

6.2 焊接过程有限元分析的理论基础

焊接采用加热或加压的方式实现材料之间的永久连接,焊接过程通过加热或加压的方式实现同种或异种材料之间的原子键合、分子键合或扩散连接的目的。焊接过程的热输入将影响焊接过程的冶金反应、固态相变,进而影响焊接的组织性能。此外,焊接过程的受热不均匀引起的材料热胀冷缩将导致焊接应力及变形产生。因此,焊接温度场的准确描述不仅关系到焊缝组织的分析,同时也影响焊接应力场及变形场的分析。

6.2.1　焊接温度场有限元理论

1. 焊接热源模型

焊接过程温度场主要由焊接热输入、焊接过程的热传递及材料特性决定。有限元分析过程中的焊接热输入主要由焊接热源模型决定,目前常用的焊接热源模型主要包括线热源、面热源、体热源及组合热源模型。早期对焊接过程的分析大多采用点热源和线热源作为焊接热源,但点热源的假设条件较多,计算准确性相对较差。线热源因对热流的分布、力学平衡、液体热场分布和对流等因素考虑得不够全面,所以温度场的计算结果也不尽如人意。目前,常用的焊接热源模型主要有椭球热源、双椭球热源、半球热源和高斯面热源等焊接热源模型。

本书仿真过程以薄板对接焊缝为研究对象模拟真实焊件焊接过程。在薄板焊接过程的数值模拟中,通常选用高斯面热源为焊接输入热源,按照高斯函数分布在一定有效半径且与母材表面平行的平面圆内,表示 MAG 焊接所提供的热源能量。综合考虑焊接方式、焊件尺寸、试板厚度选取高斯面热源模型作为焊接过程的热源模型。高斯热源解析式为

$$q(r) = \frac{Q}{2\pi\sigma_q}\exp\left(-\frac{r^2}{2\sigma_q^2}\right) \tag{6.1}$$

式中　$q(r)$——圆心为 r 处的热流密度表达式,$J/(m^2 \cdot s)$;

　　　σ_q——高斯热源分布参数;

　　　Q——热输入率。

2. 焊接过程的热传递

当物体之间存在温度差异时,热能会沿着温度梯度从温度较高的区域流向温度较低的区域,这个过程称为传热。焊接过程的热传递主要包括热传导、热对流和热辐射。焊接过程的传热以热传导为主,适当考虑热对流和热辐射。

(1)热传导。

通常采用热传导定律来描述物质内部的传热现象,热传导定律规定了热传

导速率(单位面积上在单位时间内产生的热流量)与热传导系数、温度梯度和距离梯度之间的关系。热传导定律一般只用于描述物质内部的传热过程,如导体内部的传热、材料的热处理等。在焊接过程中,材料通常被看作是同向性材料,在热传导的傅里叶定律中,通过物体某一点的热流密度 q_c(J·mm^{-2}·s^{-1})为

$$q_c = -\lambda \partial T/\partial n \tag{6.2}$$

式中　λ——热导系数,J/(mm·s·K);

　　　$\partial T/\partial n$——垂直于该处等温面的温度梯度,K/mm。

此公式中,热量和温度变化都是矢量。

(2)热对流。

对流换热定律主要用来描述流体与固体之间换热过程的物理规律。当流体与固体表面接触并发生流动时,便会发生热传递现象。流体的速度、温度、流动状态,以及固体的表面形状、材质和表面温度等因素都会影响到换热的速率。在焊接过程中,焊接电弧将会加热附近的空气及保护气,使焊件附近的空气产生流动,带走部分焊接热量。这种类型的热传递被称为对流性热传递。热流密度 q_c^* 为

$$q_c^* = \alpha_c(T - T_0) \tag{6.3}$$

式中　α_c——对流传热系数,J/(mm·s·K);

　　　T——固定表面温度;

　　　T_0——气体或液体温度。

(3)热辐射。

热辐射指热量以电磁波的形式传递。焊接电弧、焊后高温焊缝及高温试板都将会产生大量的热辐射。热辐射定律是指具有一定温度的物体(固体、液体和气体)均在不断向外辐射热能,其辐射能力的强弱取决于物体的物理性质、温度以及辐射表面状态。根据斯忒藩—玻耳兹曼定律,热辐射过程的热流密度 q_r^* 为

$$q_r^* = C_0 T^4 \tag{6.4}$$

式中　C_0——热辐射系数,J/(mm^2·s·K^4);

　　　T——表面温度,K。

焊接的加热过程具有局部性、瞬时性、能量密度高、加热面积不均匀等特性。焊接时焊丝与基体同时熔融,从而实现对焊缝区与界面区的脆性金属间化合物的有效调控。整个焊接过程具有瞬间升温—迅速降温的特征。焊接温度场求解控制方程为

$$\rho c \frac{\partial T}{\partial t} = \frac{\partial}{\partial x}\left(\lambda \frac{\partial T}{\partial x}\right) + \frac{\partial}{\partial y}\left(\lambda \frac{\partial T}{\partial y}\right) + \frac{\partial}{\partial z}\left(\lambda \frac{\partial T}{\partial z}\right) + Q_n \tag{6.5}$$

式中　x、y、z——坐标分量，m；

　　　t——传热时间，s；

　　　ρ——材料密度，kg/m^3；

　　　c——材料比热容，$J/(kg \cdot K)$；

　　　λ——材料传热系数，$W/(m \cdot K)$；

　　　T——材料瞬态温度，K；

　　　Q_n——材料本身内部产生的热量，J。

6.2.2　焊接应力场的研究理论

在焊接过程中，热源集中作用在工件的局部表面，焊件上热量分布不均匀，使焊缝金属的膨胀和收缩受到的约束不等，最终导致焊接应力和应变的产生。焊点处可能出现残余压应力。在冷却到室温期间，焊缝膨胀区内的金属会发生收缩，并被周边的金属拉紧，从而形成拉应力。整个焊接过程中，焊件在反复的焊接热循环作用下，会出现金相组织和体积的变化，进而引发焊件的整体变形。

焊接应力场分析方法实质上是通过计算焊缝的热应力来计算焊缝的受力与变形。热应力的分析方法有两种：解耦算法和热机耦合算法。解耦算法只考虑了温度对焊件应力－应变的影响，没有考虑焊件变形带来的热效应。而热机耦合算法考虑到了应力场和温度场的相互作用，但计算过程比解耦算法更复杂。对于常见的焊接过程，解耦算法即可达到有限元计算的精度要求。

应力应变的数学模型：假定空间域 $V \in \mathbf{R}^3$，在 V 内，力学平衡方程为

$$\sigma_{ij,j} = 0 \tag{6.6}$$

式中　$\sigma_{ij,j}$——高斯应力分量，包括热应力的影响。

热应变为

$$\boldsymbol{\varepsilon}_{ij}^{T} = \alpha_{ij}(T - T_r)\boldsymbol{\delta}_{ij} \tag{6.7}$$

式中　$\boldsymbol{\varepsilon}_{ij}^{T}$——热应变张量；

　　　α_{ij}——热膨胀系数；

　　　T_r——参考温度；

　　　$\boldsymbol{\delta}_{ij}$——δ 算子。

应力应变间的本构方程可表示为

$$d\sigma_{ij} = D_{ijkl}(d\varepsilon_{kl} - d\varepsilon_{kl}^{p} - d\varepsilon_{kl}^{c} - d\varepsilon_{kl}^{T}) \tag{6.8}$$

式中　D_{ijkl}——弹性本构张量系数；

$d\varepsilon_{kl}$——总应变；

$d\varepsilon_{kl}^{p}$——塑性应变；

$d\varepsilon_{kl}^{c}$——蠕变应变；

$d\varepsilon_{kl}^{T}$——温度应变。

在计算瞬态温度场的过程中,可以根据瞬态温度场每一步的计算结果,对构件逐步进行相应的应力计算。也可以在最终瞬态温度场计算的基础上,分析特定时间步骤的应力场。

6.2.3　焊接温度场和应力场分析流程

焊接热过程分析属于瞬态热分析范畴,应力分析属于热一力耦合分析范畴[65]。有限元中,耦合问题的分析主要包括:直接耦合法与顺序耦合法。

直接耦合法考虑应力场与温度场的相互作用,对应力场与温度场同时计算。直接耦合法的耦合单元包含所有必要的自由度,与相应的耦合场相关联,所用的耦合单元可以在一次操作中求解,得到耦合场的分析结论。该方法实质上就是通过计算分析求解包含所有必要项的单元矩阵或者单元载荷向量,实现求解目标。

顺序耦合法首先计算焊接过程的温度场,再将温度场作为应力分析的载荷加载到工件上作为初始条件,计算应力场。焊接过程中,温度场对应力场的影响较大,而应力场对温度场几乎没有影响,因此,焊接过程温度场与应力场的耦合分析采用顺序耦合法,即先求解焊接温度场,再将温度场作为应力场分析的初始条件,进行应力场分析。

本章采用顺序耦合法对高强钢平板对接焊的温度场及应力场进行分析,分析流程图如图 6.1 所示。

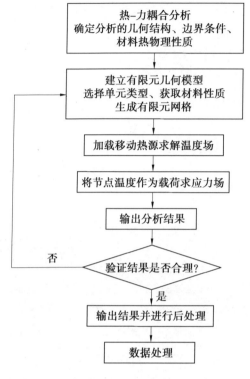

图 6.1　分析流程图

6.3　焊接过程有限元分析

6.3.1　数值模型的创建

1. 有限元模型的建立

　　焊接过程的有限元分析需要考虑材料的物理性质、热传导、热膨胀、塑性流动等多种因素。一般焊接过程的有限元分析按以下步骤进行：首先分析焊接过程的热流及温度场，然后分析焊后的应力分布和焊后变形，最后对分析结果进行后处理，获得焊缝的应力和变形分布云图，进行定量分析和比较，对焊缝的质量进行评估。

　　焊接试板长为 350 mm，宽为 150 mm，板厚 8 mm，采用平板对接焊缝形式。根据该尺寸建立几何模型，建模采用 SOLID70 有限元分析单元。本次仿真过程采用六面体网格，为减少计算时间和计算成本，分梯度划分网格，焊缝附近的网格进行了局部加密,而焊缝的其他区域温度梯度变化较小,采用较稀疏的网格。总体网格数量为 23 800 个,节点数量为 117 207。总体网格划分情况和焊缝处网格划分情况如图 6.2 所示。

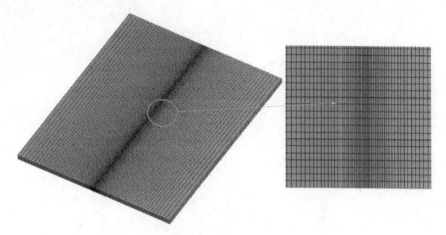

图 6.2　总体网格划分情况和焊缝处网格划分情况

2. 材料性能参数的选定

所选材料为 Q450NQR1 高强度耐候钢,钢板自身具备高强度、高韧性、抗疲劳、抗冲击、耐磨、抗腐蚀、耐候等综合性优质性能,被制造业广泛使用。Q450NQR1 化学成分见表 6.1。

表 6.1　Q450NQR1 化学成分表 %

C	Si	Mn	P	S	Cr	Ni	Cu
≤0.12	≤0.75	≤0.15	≤0.025	≤0.008	0.3~0.125	0.12~0.65	0.20~0.65

焊接过程有限元分析时,材料参数直接影响计算结果的准确性,材料的物理性能参数与温度的关系是高度非线性的。因此,分析前需确定材料的弹性模量(GPa)、线膨胀系数($\times 10^{-6}$℃$^{-1}$)、热导率(W/(m·℃))、比热容(J/(kg·℃))等非线性热物理和力学参数。

本书研究首先通过查阅文献获得 Q450NQR1 典型温度点的材料性能参数,Q450NQR1 材料性能参数见表 6.2。然后利用 JMatPro 金属材料相图计算及材料性能模拟软件获得 Q450NQR1 材料性能参数随温度变化图,如图 6.3 所示。

表 6.2　Q450NQR1 材料性能参数

温度/℃	比热容 /(J・kg^{-1}・℃$^{-1}$)	热导率 /(W・m^{-1}・℃$^{-1}$)	弹性模量 /GPa	泊松比	线膨胀系数 /(×10^{-6}℃$^{-1}$)
25	450	40.3	207	0.29	10.1
100	480	40.8	203	0.29	10.4
300	560	39.5	189	0.30	11.2
500	680	35.8	167	0.31	11.9
800	810	30.5	126	0.32	12.0
1 200	700	31.0	67	0.34	12.5
1 500	510	33.8	3	0.42	12.7

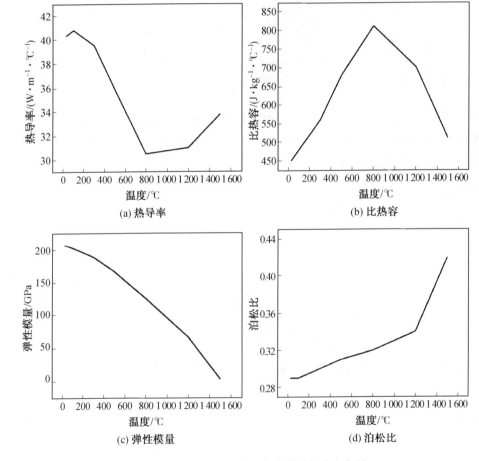

(a) 热导率　　　　　　　　　(b) 比热容

(c) 弹性模量　　　　　　　　(d) 泊松比

图 6.3　Q450NQR1 材料性能参数随温度变化图

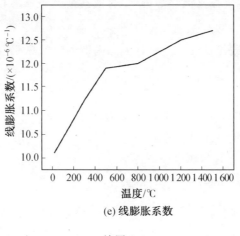

(e) 线膨胀系数

续图 6.3

3. 边界条件设置

焊件的初始温度和环境温度都设置为 20 ℃,空气对流系数设置为 5 W/(m·℃)。在应力场分析中,对模型施加刚性约束,以避免物体发生刚性位移,使计算无法进行。本书研究施加的约束是在平板 $y-z$ 对称面限制 x 轴方向上的位移,在 D 点限制 y 轴方向上的位移,在 A、B、C 三点限制 z 轴方向上的位移,位移约束的施加形式如图 6.4 所示。

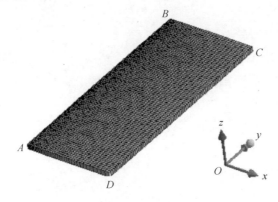

图 6.4 位移约束的施加形式

4. 加载热源

采用 MAG 焊对 Q450NQR1 试板进行焊接,所用焊接电流为 260 A,焊接电压为 28 V,焊接速度为 7 mm/s,焊后工件尺寸为 350 mm×300 mm×8 mm。根据所选的焊接方法,结合现有焊接材料,分析过程中的去热效率 η 为 0.75。

　　计算过程中采用高斯平面热源模型，热源载荷属于移动载荷，为保证数值仿真的准确性，需建立时间和空间之间的联系。有限元软件将热源分解成若干个独立载荷步，每一个载荷步加上一个热流。高斯函数的热源公式为

$$q(r) = \frac{3q}{\pi R^2} \exp\left(-\frac{3r^2}{R^2}\right) \tag{6.9}$$

式中　$q(r)$——距离热源中心处的热流，W/m^2；

　　　q——热源瞬时热能，W；

　　　R——电弧的有效加热半径，m；

　　　r——某一点距离热源中心的距离，m。

　　焊接参数为 $I=260$ A，$U=28$ V，$v=7$ mm/s，单层焊道高斯移动热源公式为

$$q = \frac{3 \times 0.75 \times 260 \times 28}{\pi \times 0.005^2} \exp\left\{-\frac{3 \times \left[Y^2 + (X - 0.007 \times t)^2\right]}{0.005^2}\right\} \tag{6.10}$$

　　根据高斯移动热源公式，利用 APDL 编写高斯热源命令流，再在 Workbench 中创建数值模拟模型，加载热源 APDL 命令流，并利用 SF 命令加载在焊道表面位置，具体命令流如下：

```
* DEL,_FNCNAME
* DEL,_FNCMTID
* DEL,_FNCCSYS
* SET,_FNCNAME,'re'
* SET,_FNCCSYS,0
* DIM,%_FNCNAME%,TABLE,6,22,1%_FNCCSYS%
* SET,%_FNCNAME%(0,0,1),0.0,−999
* SET,%_FNCNAME%(2,0,1),0.0
...
SF,A1,HFLUX,%re%
```

其中，A1 为在 Workbench 中命名的上表面单元。

　　时间步长的设置决定计算精度及求解效率。时间步长过短会导致求解效率低；而时间步过长时，会导致求解精度较低，计算收敛难度大。本书研究中焊缝长度为 350 mm，焊接速度为 7 mm/s，焊缝焊接时间为 50 s，焊接完成后冷却时间设置为 950 s，焊接和冷却全过程时长共 1 000 s。焊接分析过程中，焊接试板温度低于 70 ℃时的内应力可看作焊接残余应力。

6.3.2　MAG 焊接温度场分布

焊接温度场的精确与否将直接影响后续残余应力场计算结果的准确性。Q450NQR1 钢材的熔点约为 1 500 ℃,在焊接过程有限元分析时,将温度超过钢材熔点的部分定义为熔池。根据 6.3.1 节建立的三维平板模型,计算得到焊接瞬时温度场的模拟结果,焊接过程中焊缝中心温度变化曲线图如图 6.5 所示。当热源在试板上的作用时间小于 4 s 时,试板温度低于 Q450NQR1 的熔点。随着热源在试板上的持续作用,试板温度迅速升高,当焊接时间为 4 s 时,温度达到 1 753.4 ℃,高于 Q450NQR1 钢材的熔点,形成了熔池。当焊接时间为 10 s 时,电弧移动到试板中间位置,此时温度场达到稳态,熔池中心最高温度可达 1 860 ℃。当焊接时间达到 50 s 时,即焊接过程结束时,熔池中心最高温度达到 1 864.1 ℃。在焊接结束后,焊件温度场会突然升温达到 2 000 ℃以上,高于稳态下熔池的最高温度,这是由于在温度场计算过程中,焊接结束时考虑到了焊接边缘效应,与焊接稳态过程时的散热条件不同,导致收弧时熔池温度较高。焊接结束之后,焊接试板在空气中先迅速降温再缓慢冷却。当试板在空气中冷却时间为 75 s 时,峰值温度降到 248.23 ℃。当冷却时间为 150 s 时,温度降到 135.5 ℃,后继续保持缓慢降低。

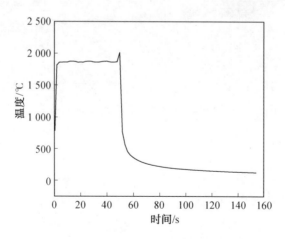

图 6.5　焊缝中心温度变化曲线图

根据试验条件中选择的长为 350 mm 的平板,焊接速度为 7 mm/s,因此确定焊接仿真计算全过程为 50 s,则冷却时间为 550 s。焊接过程温度分布云图如图 6.6 所示。其中,图 6.6(a)～(b)为焊接进行 4 s 和 50 s 时的温度分布云图,

图 6.6(c)～(d)为焊接完成后冷却过程中 75 s 和 150 s 的温度分布云图。

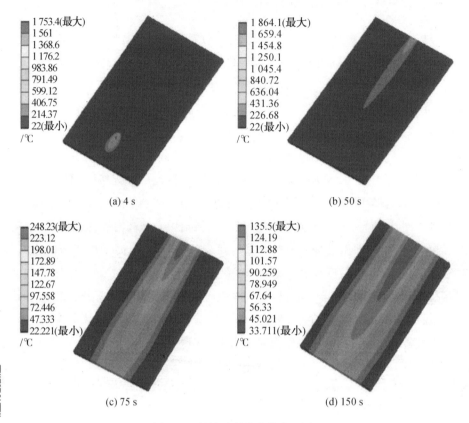

(a) 4 s

(b) 50 s

(c) 75 s

(d) 150 s

图 6.6　焊接过程温度分布云图

由于 Q450NQR1 的热物理性能与温度呈非线性关系,试板的加热和冷却过程存在不均匀性,因此焊接温度场沿垂直于焊接方向的分布非均匀。

6.3.3　焊接应力场分布

在焊接过程中,温度场不均匀变化会导致构件内部残余应力分布不均,直接影响焊件的力学性能,降低结构的可靠性。因此,合理预测焊接过程中残余应力的分布情况对提高焊件的疲劳寿命十分必要。应力场的模拟所需的弹性模量、泊松比、线膨胀系数等参数见表 6.2。

将分析设定调整为与温度场相同的步长,在目标结构单元上加载前文计算出的温度场的数据,得到应力分布数据。

由焊缝中心温度变化曲线图可以发现,焊接过程中,工件表面的温度稳定在

1 800 ℃左右;冷却过程中,工件表面温度先急剧下降至 250 ℃,再缓慢下降。当试板温度下降到 135 ℃时,焊接温度场趋于稳定,此时计算时间为 150 s,选取该时间点对焊后残余应力进行提取,该时刻的焊接等效应力分布云图如图 6.7 所示。可以看出,在焊缝和焊缝附近的等效应力梯度区域,焊缝区和热影响区的应力峰值区域比较集中。

图 6.7　焊接等效应力分布云图(150 s)

　　焊接残余应力可分为纵向及横向残余应力,平行于焊缝方向的残余应力称为纵向残余应力,垂直于焊缝方向的残余应力称为横向残余应力,图 6.8 所示为焊接冷却后 Q450NQR1 焊缝上表面的横向残余应力和纵向残余应力分布云图。

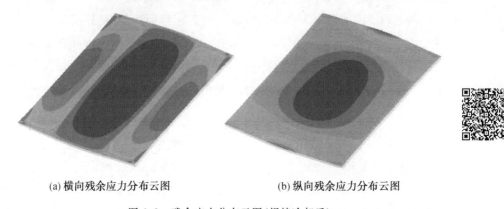

(a) 横向残余应力分布云图　　　　　　　(b) 纵向残余应力分布云图

图 6.8　残余应力分布云图(焊接冷却后)

　　由图 6.8 可以看出,焊后试板上的横向残余应力与纵向残余应力呈现对称分布。焊板中间焊缝处,横向残余应力为拉应力,两端为压应力,其分布云图如图 6.8(a)所示。图 6.8(b)所示纵向残余应力焊缝中心为拉应力,两端为压应力,纵向应力的产生是因为焊缝在冷却过程中纵向收缩[155]。

6.3.4　不同路径焊接残余应力的分布

为了对焊接过程中残余应力的局部分布特征进行研究,确保分析结果具有代表性,应力分析节点提取路径如图 6.9 所示。分别取沿着焊接方向的路径 $E-F$、垂直于焊缝的路径 $G-H$ 的残余应力为分析对象。

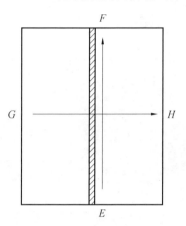

图 6.9　应力分析节点提取路径

1. 焊接路径方向($E-F$ 方向)残余应力分布

图 6.10 为沿焊缝路径 $E-F$ 方向的横向残余应力和纵向残余应力分布曲线。焊缝处的横向残余应力及纵向残余应力变化趋势相似,在焊接路径起点和终点处为压应力,中间部分为拉应力。焊接后,焊缝横向残余应力分布呈现出较为复杂的波动规律,在焊道的两端可以看到最大的横向残余压应力出现,最大值为 177.2 MPa。最大的纵向残余应力出现在焊道的中间位置,最大纵向残余拉应力值为 109.25 MPa。

2. 垂直焊缝方向($G-H$ 方向)残余应力分布

$G-H$ 路径垂直于焊缝方向横向残余应力和纵向残余应力分布曲线如图 6.11所示。焊缝附近存在最大横向和纵向残余拉应力,随着距离焊缝距离的增大,残余拉应力大幅度降低并逐渐转为残余压应力,距离焊缝 60 mm 时残余压应力最大,其数值为 111 MPa,靠近试板边缘应力值较小,接近 0 MPa,该应力分布与现有的研究结果一致[156-158]。

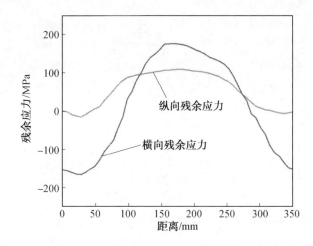

图 6.10　$E-F$ 方向的横向残余应力和纵向残余应力分布曲线

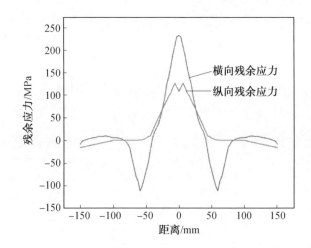

图 6.11　$G-H$ 方向的横向残余应力和纵向残余应力分布曲线

6.4　振动焊接应力场分析

　　振幅和频率是影响振动焊接焊后残余应力变化的主要因素。本节将分别探究振动频率和振动幅度对振动焊接效果的影响。振动焊接过程中,振动频率的施加范围为 0～50 Hz,振动幅度的施加范围为 0～0.15 mm。

6.4.1　振幅对应力场分布影响

　　为探究频率一定时振幅对残余应力的影响,模拟时设定的振幅参数值见表

6.3。

表 6.3　振幅参数值

振幅/mm	频率/Hz
0(无振动)	0
0.025	50
0.075	50
0.100	50
0.125	50
0.150	50

1. $E-F$ 方向残余应力分布

图 6.12 和图 6.13 分别是振动频率为 50 Hz,不同振动幅度(无振动、0.025 mm、0.075 mm、0.100 mm、0.125 mm、0.150 mm)焊接后的 Q450NQR1 沿着焊接路径 $E-F$ 方向的横、纵向残余应力分布曲线。为观察局部位置的具体变化对焊接路径中间区域 A 及焊接路径末端区域 B 进行细化,细化后的残余应力分布曲线如图 6.12 所示。施加机械振动后,焊接路径 $E-F$ 方向的横、纵向残余应力数值均有明显下降。

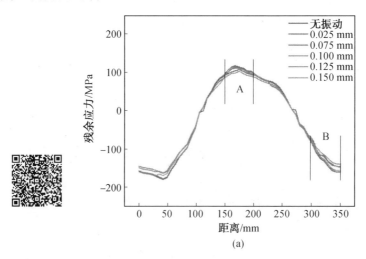

(a)

图 6.12　不同振动幅度 $E-F$ 方向的横向残余应力分布曲线(50 Hz)

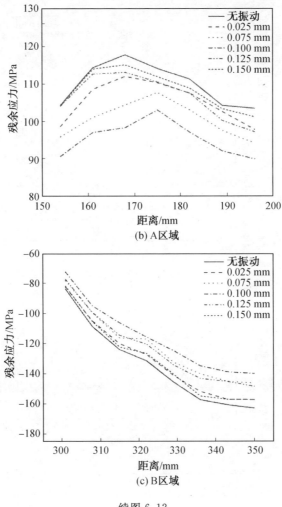

(b) A区域

(c) B区域

续图 6.12

焊接路径两端横向残余应力为压应力,未施加机械振动时,最大残余压应力为 157.2 MPa,施加机械振动后,最大残余压应力为 134.8 MPa,降低了 22.4 MPa,降幅为 14.2%;焊接路径中间为残余拉应力,施加机械振动后,路径中间残余应力变化幅度不大,最大下降幅度为 7.8%。施加机械振动后,纵向残余应力最大值在焊接路径中点由 109.25 MPa 下降到 98.68 MPa,下降 10.57 MPa,降幅为 9.6%;路径两端残余应力较小趋近于 0 MPa,无明显变化。

在施加振动焊接的过程中,振幅的改变影响到了焊缝的焊后残余应力分布,焊缝中的纵、横两个方向残余应力的峰值都有所降低。从整体的变化幅度来看,在沿着焊接路径 $E-F$ 方向上,当振幅大小为 0.100 mm 时,残余应力的消减情

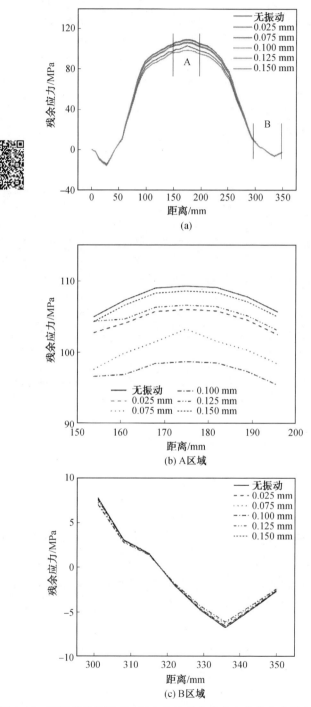

图 6.13　不同振动幅度 $E-F$ 方向的纵向残余应力分布曲线(50 Hz)

况最明显,焊缝的横向及纵向残余应力下降幅度最大。

2. G—H 方向残余应力分布

振动频率为 50 Hz、不同振幅(无振动、0.025 mm、0.075 mm、0.100 mm、0.125 mm、0.150 mm)振动焊接后的 Q450NQR1 焊缝 $G—H$ 方向横向残余应力分布曲线如图 6.14 所示,该方向的纵向残余应力分布曲线如图 6.15 所示。为了获得振幅对焊缝残余应力的影响,细化残余拉应力峰值区域(A 区域)及残余压应力峰值区域(B 区域)。细化后 A 区域及 B 区域的应力分布曲线如图 6.14 (b)、(c)和图 6.15(b)、(c)所示。

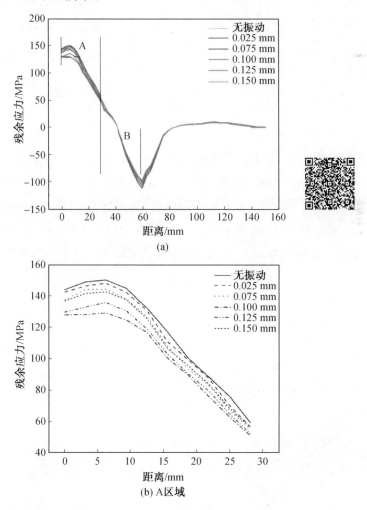

(a)

(b) A区域

图 6.14　改变振动幅度后 $G—H$ 方向的横向残余应力分布曲线(50 Hz)

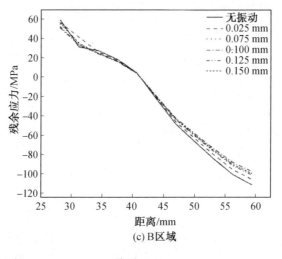

(c) B区域

续图 6.14

　　施加机械振动后,沿着垂直于焊缝的分析路径 $G-H$ 方向上的残余应力有明显减小。未施加机械振动时,在焊缝处横向残余拉应力最大值为 150.1 MPa,施加机械振动后,焊缝处残余应力最大值为 129.1 MPa,下降了 21 MPa,降幅为 13.9%,热影响区附近下降 5 MPa 左右,降幅为 8.7%。施加机械振动后,纵向残余应力最大值由 153.2 MPa 下降到 127.2 MPa,下降 26 MPa,降幅为 16.9%。在靠近焊板边缘时,横、纵向残余应力逐渐趋近于 0 MPa。总体来看,当振动频率为 50 Hz,振幅为 0.100 mm 时,焊后残余应力整体下降幅度最大。

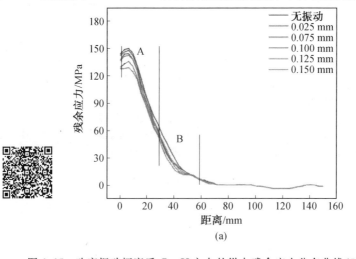

(a)

图 6.15　改变振动幅度后 $G-H$ 方向的纵向残余应力分布曲线(50 Hz)

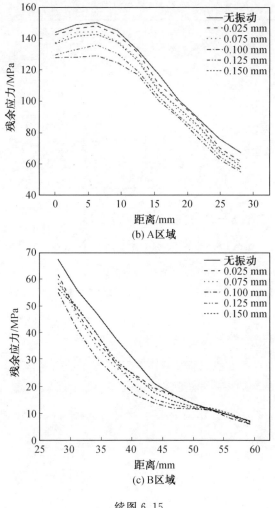

(b) A区域

(c) B区域

续图 6.15

6.4.2　频率对应力场分布影响

　　为探究振幅一定时振动频率对残余应力的影响,模拟时设定的频率参数值见表 6.4。

表 6.4 频率参数值

振幅/mm	频率/Hz
0	0(无振动)
0.100	10
0.100	20
0.100	30
0.100	40
0.100	50

1. 焊接路径方向($E-F$ 方向)残余应力分布

振幅为 0.010 mm、不同的频率(无振动、10 Hz、20 Hz、30 Hz、40 Hz、50 Hz)振动焊接后的 Q450NQR1 焊缝沿着焊接路径 $E-F$ 方向的横、纵向残余应力分布曲线如图 6.16 和图 6.17 所示。残余应力峰值位置即焊接路径中间(A区域)及焊接路径末端(B区域)的应力分布曲线如图 6.16(b)、(c)和图 6.17(b)、(c)所示。

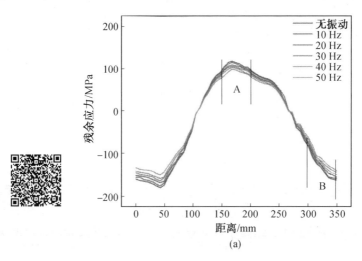

(a)

图 6.16 改变频率后 $E-F$ 方向的横向残余应力分布曲线(0.010 mm)

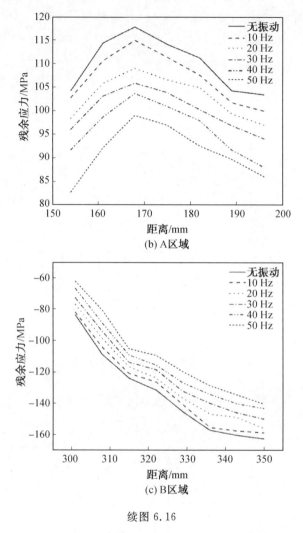

续图 6.16

　　由焊接路径 $E-F$ 方向的横、纵向残余应力分布曲线变化可以看出,振动的作用使横向残余应力和纵向残余应力均产生下降趋势,当频率为 50 Hz 时,残余应力整体变化曲线相对无振动时更为平缓,说明随着频率的增加,残余应力整体分布不断均化。

　　振幅为 0.010 mm、不同的频率(无振动、10 Hz、20 Hz、30 Hz、40 Hz、50 Hz)振动焊接后,横向残余应力最大值在路径两端由 162.73 MPa 下降到 140.39 MPa,下降 22.34 MPa,降幅为 13.7%;路径中间残余应力变化幅度不大,整体幅度最大下降约 7%。纵向残余应力最大值在焊接路径中点由 109.25 MPa 下降到 98.68 MPa,下降 10.57 MPa,降幅为 9.6%;路径两端残余应力下降不明显。从整体的变化幅度来看,在沿着焊接路径 $E-F$ 方向上,当频率为 50 Hz 时,残余应力的消减情况最明显,焊缝的横向及纵向残余应力下降幅度最大。

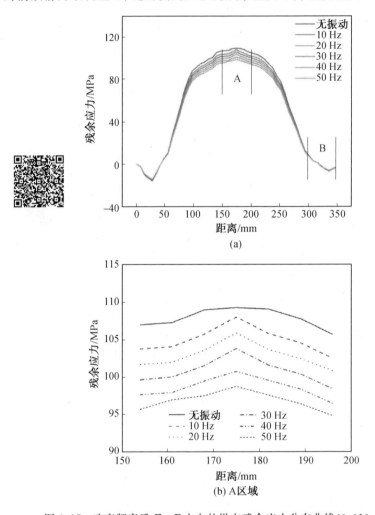

图 6.17 改变频率后 $E-F$ 方向的纵向残余应力分布曲线(0.010 mm)

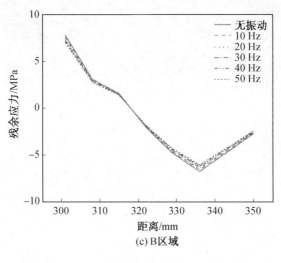

(c) B 区域

续图 6.17

2. 垂直焊缝方向($G-H$ 方向)残余应力分布

振幅为 0.010 mm、不同频率(无振动、10 Hz、20 Hz、30 Hz、40 Hz、50 Hz)振动焊接后的 Q450NQR1 焊缝沿着 $G-H$ 方向的横、纵向残余应力分布曲线如图 6.18 和图 6.19 所示。图 6.18(b)、(c)和图 6.19(b)、(c)为残余应力峰值区域细化图。

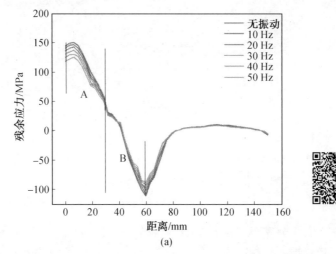

(a)

图 6.18　改变频率后 $G-H$ 方向的横向残余应力分布曲线(0.010 mm)

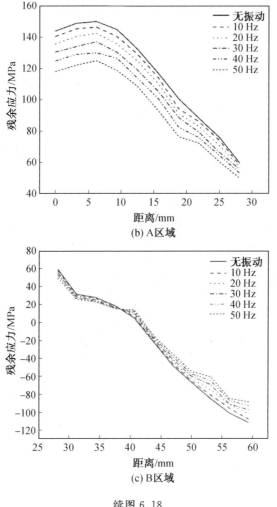

(b) A区域

(c) B区域

续图 6.18

　　施加机械振动后,沿着垂直于焊缝的分析路径 $G-H$ 方向上焊缝处横向残余拉应力最大值由 148.9 MPa 下降到 122.1 MPa,下降了 26.8 MPa,降幅为 18.0%。热影响区附近下降 8 MPa 左右,降幅约 14.5%。纵向残余应力最大值由 144.9 MPa 下降到 113.9 MPa,下降 31 MPa,降幅为 21.4%,热影响区附近下降 15 MPa 左右,降幅为 13.4%。分析路径 $G-H$ 方向靠近焊板边缘横、纵向残余应力逐渐趋近于 0 MPa。

　　总体来看,振动焊接过程中,焊缝的纵向和横向残余应力都有不同程度的降低。振动幅度为 0.010 mm,频率为 50 Hz 时,垂直于焊缝方向的横向及纵向残余应力下降幅度最大。随着振动频率增加,除焊缝中间峰值以外,其他部分的残

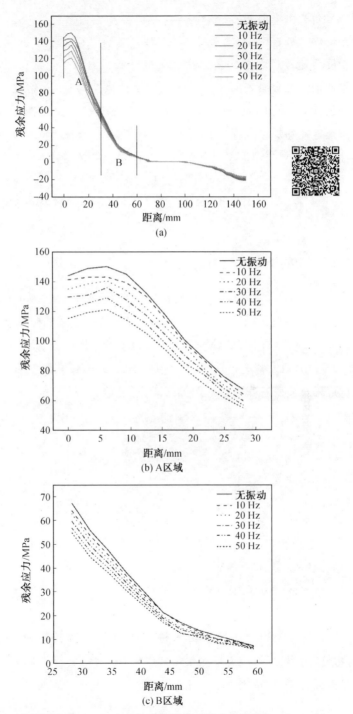

图 6.19　改变频率后 $G-H$ 方向的纵向残余应力分布曲线(0.010 mm)

余应力分布变得更加均匀。

振动焊接过程中,振动平台带动焊接试板有规律地上下振动,焊接过程中的电弧长度会随着振动时长时短,因此焊接电弧压力忽高忽低,这相当于焊接过程中在熔池中液态金属表面产生了一个周期性激振力作用,熔池中液态金属受到激振力的扰动,加速了液态金属的对流速度,使热交换更加充分,促进熔池散热,与未添加振动的焊接过程相比,焊缝周围的各个部分温度梯度均有所降低,这也使塑性变形减小,与温度梯度相关的直接应力也随之减小。

6.5　振动焊接模型验证及参数优化

6.5.1　焊缝残余应力的测量

依据 GB/T 31310—2014《金属材料　残余应力测定　钻孔应变法》进行测试。测试时采用与 x 轴分别成 0°、45°、90°夹角的三个敏感栅组成应变花,其型号为 BX120-3CA。采用 UCAM-60B 应力检测仪,获得三个方向的应变。采用 YCZK-13 型测钻设备进行钻孔,钻头直径为 2 mm,钻孔深度为 2 mm,残余应力的测试过程及应变花布置示意图如图 6.20 所示。

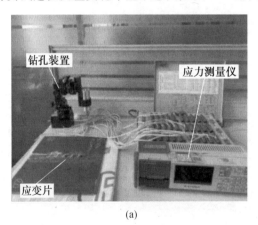
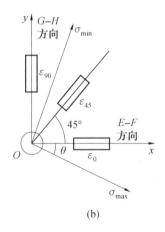

(a)　　　　　　　　　　　　(b)

图 6.20　残余应力的测试过程及应变花布置示意图

残余应力测试后,应力检测仪 UCAM-60B 获得 ε_0、ε_{45}、ε_{90} 三个方向的应变,计算得到最大、最小主应力 σ_{max}、σ_{min} 和方向角 θ,即

$$\begin{cases} \sigma_{\max} = \dfrac{1}{4A}(\varepsilon_0 + \varepsilon_{90}) + \dfrac{1}{4B}\sqrt{(\varepsilon_0 - \varepsilon_{90})^2 + (2\varepsilon_{45} - \varepsilon_0 - \varepsilon_{90})^2} \\[3mm] \sigma_{\min} = \dfrac{1}{4A}(\varepsilon_0 + \varepsilon_{90}) - \dfrac{1}{4B}\sqrt{(\varepsilon_0 - \varepsilon_{90})^2 + (2\varepsilon_{45} - \varepsilon_0 - \varepsilon_{90})^2} \end{cases} \tag{6.11}$$

$$\tan 2\theta = \frac{2\varepsilon_{45} - \varepsilon_0 - \varepsilon_{90}}{\varepsilon_0 - \varepsilon_{90}} \tag{6.12}$$

式中　A、B——应变释放系数,与孔的几何形式及材料的力学性能有关;

ε_0、ε_{45}、ε_{90}——应变片测得的三个方向上的应变值;

$\sigma_{\max}$、$\sigma_{\min}$——最大和最小残余主应力;

θ——残余主应力与主应变的夹角。

其中,应变释放系数为

$$A = -\frac{1+\nu}{2E\dfrac{r^2}{a^2}} \tag{6.13}$$

$$B = \frac{3(1+\nu) - 4\dfrac{r^2}{a^2}}{2E\dfrac{r^4}{a^4}} \tag{6.14}$$

式中　ν——柏松比,$\nu=0.3$;

E——弹性模量,$E=206\ \text{GPa}$;

a——盲孔半径,$a=1\ \text{mm}$;

r——小孔的中心(即测量点 O)到点 P 的距离,mm。

由式(6.13)及式(6.14)可计算 A 为 -0.079,B 为 -0.18。通过计算可获得焊接试板各测量点的残余应力值。

6.5.2　焊接过程有限元模型验证

将焊缝中心线与焊接试板宽边的交点看作坐标原点,以焊接方向($E-F$ 方向)作为 x 轴、试板宽度方向($G-H$ 方向)作为 y 轴建立如图 6.21 所示坐标系。在焊接试板上选择(135,5)、(155,5)、(175,5)、(195,5)、(215,5)五个点为测量点,采用盲孔法测量焊接试板的残余应力的大小。

分别计算出未加振动时试板上测量点的纵向残余应力,测量点残余应力的试验测量值与模拟值见表 6.5。从表中数据可以看出,最大误差为 4.25%,平均误差仅有 3.78%,贴合程度均大于 95%,证明限元数值计算结果精确性较高。

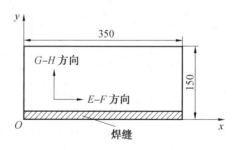

图 6.21 残余应力测量点位置

表 6.5 未加振动时残余应力测量对比结果

测量点位置	试验测量值/MPa	模拟值/MPa	误差
(135,5)	111.77	108.11	3.27%
(155,5)	112.48	108.61	3.44%
(175,5)	113.25	109.25	4.25%
(195,5)	113.01	108.76	3.76%
(215,5)	112.89	108.45	3.93%

根据表中数据对比结果绘出纵向残余应力变化趋势对比(图 6.22)。由图中数值变化趋势可以看出,纵向残余应力均呈现先增后减的趋势,整体变化趋势的吻合度较高。

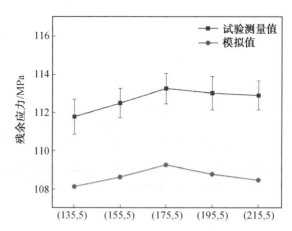

图 6.22 试验和模拟中残余应力变化趋势对比

6.5.3　施加机械振动焊接过程有限元模型验证

对不同振动参数焊接试板纵向残余应力进行测量及仿真模拟,残余应力测量结果见表 6.6。其中,试验残余应力为通过盲孔法对待测点(175,5)的纵向残余应力测量数值,模拟结果为仿真时间 150 s 时(175,5)的纵向残余应力模拟结果。

表 6.6　残余应力测量结果

振幅/mm	频率/Hz	试验残余应力/MPa	模拟残余应力/MPa	误差
0	0	113.25	109.25	4.25%
0.100	10	112.25	107.73	4.03%
	20	111.8	106.51	4.73%
	30	110.5	102.31	7.41%
	40	107.71	100.11	7.06%
	50	105.82	99.31	6.15%
0.025	50	108.93	102.11	6.26%
0.075		107.34	100.12	6.73%
0.100		105.82	99.31	6.15%
0.125		111.02	106.51	4.06%
0.150		112.86	107.62	4.64%

将表中对比数据可以看出,试验和模拟的残余应力值在数值上相差不大,最大误差仅为 7.41%。根据表中数据比较结果绘出变化趋势(图 6.23),由图 6.23 可以看出,仿真模型与试验的振动对残余应力的影响规律呈现一致性,证明有限元数值计算结果具有合理性和精确性。且当频率变化时,试验值与模拟值之间的误差较小,平均误差为 5.57%。当振幅变化时,试验值与模拟值之间的误差略大,平均误差为 5.88%。

模拟产生误差的主要原因有:在模拟过程中,热源有效功率系数、热能分配系数和热源作用半径无法明确数值,而作为主要输入量,这些因素都会对结果产生较大影响。在不同的模型中,这些参数的值可能不同,进而导致模拟结果产生差异。此外,由于模型中存在一些误差,因此可能会对模拟结果造成影响。

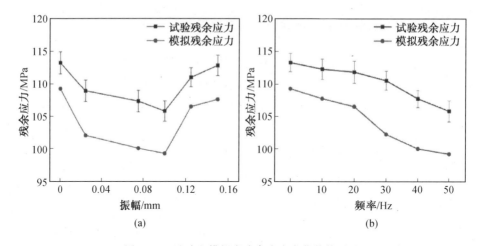

图 6.23　试验和模拟中残余应力变化趋势对比

6.6　基于 Minitab 的试验设计与分析

6.6.1　正交试验设计

由三种振幅和三种频率组成一个三水平二因素的试验,采用 3^2 正交试验设计寻找最优参数组合。汇总仿真结果数据,利用 Minitab 软件,采用田口方法设计分析,求出最佳过程参数解。

依据表 6.6 单因素影响的残余应力测量结果,采用三水平二因素设计正交试验来探究振动焊接参数(振幅、频率)对 Q450NQR1 焊缝焊后残余应力的影响。确定试验因素与水平,选择的二因素为振幅、频率,三水平分别为振动(mm):0.075、0.100、0.125;频率(Hz):30、40、50(表 6.7)。

表 6.7　因素水平表

振幅(A)/mm	频率(B)/Hz
0.075(A1)	30(B1)
0.100(A2)	40(B2)
0.125(A3)	50(B3)

选取 Q450NQR1 焊缝焊后残余应力为试验评价指标,利用正交试验设计可在较少试验条件下获得合理数据,进而分析振幅和频率对焊后残余应力的影响。

本书试验采用 3^2 正交表进行三水平二因素正交试验设计,正交试验设计与仿真结果见表 6.8。

表 6.8　正交试验设计与仿真结果

试验号	因素			性能指标(焊后残余应力)/MPa
	振幅	频率	误差	
1	A1	B1	C1	104.61
2	A1	B2	C3	102.38
3	A1	B3	C2	100.55
4	A2	B1	C3	102.26
5	A2	B2	C2	100.03
6	A2	B3	C1	98.94
7	A3	B1	C2	104.29
8	A3	B2	C1	102.56
9	A3	B3	C3	100.77

6.6.2　极差结果分析

极差结果分析过程中,可利用极差 R 的数值反映评价指标受因素水平的影响程度,极值 R 越大,评价指标受因素水平的影响就越大,根据表 6.8 正交试验数据,分析振幅与频率对焊后残余应力的影响,并计算极差,确定影响焊接结果的主次顺序,极差 R 的表达式为

$$R = \max\{k_i\} - \max\{k_i\} \tag{6.15}$$

$$k_i = \frac{K_i}{s} \tag{6.16}$$

式中　K_i——任意一列上在水平 i 上对应的所有试验结果之和;

s——在任意一列上各因素水平的出现次数。

表 6.9 为振动参数对焊后残余应力影响的极差分析。

表 6.9　振动参数对焊后残余应力影响的极差分析

因素	A	B	C
K_1	306.54	310.16	304.11
K_2	301.23	303.97	304.87
K_3	307.62	301.26	306.41
k_1	102.18	103.39	101.37
k_2	100.41	101.32	101.62
k_3	102.54	100.42	102.14
极差 R	2.13	2.97	0.77
主次顺序	B>A>C		
优化方案	A2B3C1		

影响因素与指标趋势图是一种直观的统计分析工具,可以显示出随着因素水平的变化,试验指标的变化趋势,它可以更清晰地描述试验指标随因素水平的变化的趋势,为进一步试验提供重要的指导方向,有助于对试验结果进行分析和解释。为了直观地了解各因素水平对试验指标的影响模式和趋势,绘制了图6.24 所示的因素水平—试验指标关系图。该关系图横轴为因素水平,纵轴为各水平的平均值 k。

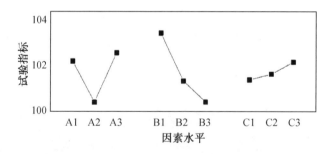

图 6.24　因素水平—试验指标关系图

通过表 6.9 和图 6.24 分析各因素对焊后残余应力极差值 R 的影响可得出,从试验结果分析可得对试验指标的影响因素是 B>A>C,即振动频率对焊后残余应力的影响最明显,振幅对焊后残余应力的影响相对较小。Q450NQR1 振动焊接工艺参数的最佳组合为 A2B3C1,即振幅 0.100 mm、频率 50 Hz。

6.7　本章小结

（1）利用 ANSYS Workbench 有限元分析软件，对高强度耐候钢 Q450NQR1 平板对接焊缝的应力场进行了模拟。基于间接耦合方法，将温度场导入应力场计算中，对冷却后焊板的残余应力场进行了分析，得出以下结论：横向焊接残余应力在两块板子上的分布基本对称，主要集中在焊缝区和热影响区，且扩散面积很小，由于近缝区焊接温度高，受热膨胀较大，而远缝区温度较低，受热膨胀较小，因此纵向残余应力在焊缝中心主要表现为拉应力，在焊缝两端拉应力逐渐减小，且在焊缝端部出现部分压应力。纵向残余应力在远离焊缝区域主要表现为压应力。

（2）利用 ANSYS Workbench 有限元分析软件，对高强度耐候钢 Q450NQR1 平板对接模型进行了振动焊接后应力场的分布情况进行分析，得出以下结论：在沿着焊接路径 $E-F$ 和垂直于焊缝的分析路径 $G-H$ 方向上，施加振动后焊缝和热影响区的横向及纵向残余应力均明显降低，且振动参数的变化并不会影响温度分布变化，焊缝中心仍然属于热量集中区，焊接后残余应力峰值未发生明显移动。其中当振动频率一定时，振幅大小为 0.100 mm 时残余应力的下降效果最明显，整体残余应力下降幅度最大。但当振幅过大时，会因焊接区域的过度振动，导致焊缝出现气孔和夹杂等缺陷，进而影响残余应力的削弱效果。当振动幅度一定时，随着振动频率的增加，焊缝区及热影响区的残余应力削弱效果越明显。但由于本书研究是基于铁路货车车厢的焊缝残余应力改善，过高的振动频率对振动焊接平台的要求也更高，从设备成本考虑，对于铁路货车车厢这类大型焊接件而言，振动焊接频率需取值适当。

（3）利用盲孔法对不同振动参数的 Q450NQR1 焊缝试样进行残余应力测量，验证数值模拟结果的准确性。并根据单因素影响的残余应力测量结果，设计正交试验，对振动焊接参数进行优化。主要结论如下：试板上对应点残余应力模拟结果与试验结果误差在 8% 以内。根据正交试验结果分析可知，最佳组合为振幅 0.100 mm，频率 50 Hz。在试验指标中，影响最大的因素是频率，振幅的影响次之，并确定振动参数对于残余应力的拟合方程，为振动焊接实际应用提供理论参考。

第一篇参考文献

［1］SETHI D，ACHARYA U，SHEKHAR S，et al. Applicability of unique scarf joint configuration in friction stir welding of AA6061-T6：analysis of torque，force，microstructure and mechanical properties［J］. Defence technology，2022，18(4)：567-582.

［2］LIU K Y，CHEN P W，RAN C，et al. Investigation on the interfacial microstructure and mechanical properties of the W-Cu joints fabricated by hot explosive welding［J］. Journal of materials processing technology，2022，300：117400.

［3］ZHANG M Y，ZHENG B F，WANGJ C，et al. Study on fracture properties of duplex stainless steel and its weld based on micromechanical models［J］. Journal of constructional steel research，2022，190：107115.

［4］XU K，QIAO G Y，SHI X B，et al. Effect of stress-relief annealing on the fatigue properties of X80 welded pipes［J］. Materials science and engineering：A，2021，807：140854.

［5］吴毅，尹鸿祥，范静，等. 铁路货车车体用耐候钢的抗应力腐蚀性能［J］. 腐蚀与防护，2021，42(10)：23-27.

［6］周鲁军，杨善武. 海洋工程用钢的大气腐蚀与耐候钢的发展［J］. 中国冶金，2022，32(8)：7-24.

［7］姜鹏飞. 组织及合金元素对高性能铁路车辆用钢耐蚀性影响的研究［D］. 昆明：昆明理工大学，2009.

［8］高建兵，王育田，辛建卿，等. 铁路货车用500 MPa级高强度耐大气腐蚀钢的研制［J］. 轧钢，2017，34(6)：15-18.

［9］QING J S，DUAN X D，XIAO M F，et al. Study on the cracking mechanism of YQ450NQR1 high-strength weathering steel［J］. Strength of materials，2018，50(1)：176-183.

［10］刘雨薇，顾天真，王振尧，等. Q235 和 Q450NQR1 在中国南沙海洋大气

环境中暴晒 34 个月后的腐蚀行为［J］. 金属学报，2022，58（12）：1623-1632.

[11] KIM D Y, KIM G G, YU J, et al. Weld fatigue behavior of gas metal arc welded steel sheets based on porosity and gap size［J］. The international journal of advanced manufacturing technology，2023，124(3)：1141-1153.

[12] CONG T, LI R Y, ZHENG Z G, et al. Experimental and computational investigation of weathering steel Q450NQR1 under high cycle fatigue loading via crystal plasticity finite element method［J］. International journal of fatigue，2022，159：106772.

[13] FRIEDLAND I M, ALBRECHT P, IRWIN G R. Fatigue of two year weathered A588 stiffeners and attachments［J］. Journal of the structural division，1982，108(1)：125-144.

[14] ALBRECHT P, CHENG J G. Fatigue tests of 8-yr weathered A588 steel weldment［J］. Journal of structural engineering，1983，109（9）：2048-2065.

[15] ALBRECHT P, FRIEDLAND I M. Fatigue tests of 3-yr weathered A588 steel weldment［J］. Journal of the structural division，1980，106（5）：991-1003.

[16] YAZDANI N, ALBRECHT P. Crack growth rates of structural steel in air and aqueous environments［J］. Engineering fracture mechanics，1989，32(6)：997-1007.

[17] ALBRECHT P, LENWARI A. Fatigue strength of weathered A588 steel beams［J］. Journal of bridge engineering，2009，14(6)：436-443.

[18] OH G, AKINIWA Y. Bending fatigue behaviour and microstructure in welded high-strength bolt structures［J］. Proceedings of the institution of mechanical engineers，part C：journal of mechanical engineering science，2019，233(10)：3557-3569.

[19] YAN M, GUO Z, LI C F, et al. Effect of welding defects on mechanical properties of welded joints subjected to temperature［J］. Steel and composite structures，2021，40(2)：193-202.

[20] ARAQUE O, ARZOLA N, HERNÁNDEZ E. The effect of weld rein-

forcement and post-welding cooling cycles on fatigue strength of butt-welded joints under cyclic tensile loading［J］. Materials，2018，11(4)：594.

[21] OGAWA Y, OHARA I, ARAKAWA J, et al. Effects of welding defects on the fatigue properties of spot welded automobile steel sheets and the establishment of a fatigue life evaluation method［J］. Welding in the world，2022，66(4)：745-752.

[22] BARSOUM Z, JONSSON B. Influence of weld quality on the fatigue strength in seam welds［J］. Engineering failure analysis，2011，18(3)：971-979.

[23] SUOMINEN L, KHURSHID M, PARANTAINEN J. Residual stresses in welded components following post-weld treatment methods［J］. Procedia engineering，2013，66：181-191.

[24] 金鑫，康铭，徐玉君，等. TIG 重熔对 6005A-T6 铝合金焊接接头组织及性能的影响［J］. 有色金属加工，2021，50(2)：23-27.

[25] 孙朋飞，姚丹丹，张鹏林，等. 金属焊接接头疲劳寿命延长技术综述［J］. 材料导报，2021，35(9)：9059-9068.

[26] ZHARKOV S V, STEPANOV P P, CHASTUHIN A V, et al. Features (research) of the effect of microstructure on large diameter pipe welded joint impact strength［J］. Metallurgist，2023，66(9)：1027-1039.

[27] 于跃斌，李向伟，李强，等. 含咬边缺陷的组焊牵枕结构疲劳寿命定量评估［J］. 焊接学报，2017，38(9)：33-37.

[28] 王磊，曾泓润，刘小鹏，等. 打磨方式对 SMA490BW 耐候钢十字接头疲劳性能的影响［J］. 焊接，2021(12)：12-16.

[29] NAKANE M, WANG Y, HATOH H, et al. Discussion of effect of disk grinding surface finish on fatigue strength of the nuclear component material［J］. Procedia structural integrity，2019，19：284-293.

[30] 郭政伟，龙伟民，王博，等. 焊接残余应力调控技术的研究与应用进展［J］. 材料导报，2023，37(2)：148-154.

[31] 何柏林，张枝森，谢学涛，等. 超声冲击和机械打磨提高 SMA490BW 钢焊接接头超高周疲劳性能［J］. 中国铁道科学，2017，38(5)：107-113.

［32］ HESSE A C, HENSEL J, NITSCHKE-PAGEL T, et al. Investigations on the fatigue strength of beam-welded butt joints taking the weld quality into account[J]. Welding in the world, 2019, 63(5): 1303-1313.

［33］ 吴统立, 王克鸿, 孔见, 等. 不锈钢高频复合双钨极氩弧焊接工艺方法[J]. 焊接学报, 2018, 39(10): 20-24.

［34］ ZANG C L, ZHOU T, ZHOU H, et al. Effects of substrate microstructure on biomimetic unit properties and wear resistance of H13 steel processed by laser remelting[J]. Optics & laser technology, 2018, 106: 299-310.

［35］ LIEN H H, MAZUMDER J, WANG J, et al. Microstructure evolution and high density of nanotwinned ultrafine Si in hypereutectic Al-Si alloy by laser surface remelting [J]. Materials characterization, 2020, 161: 110147.

［36］ ZHAO X H, ZHANG H C, LIU Y. Effect of laser surface remelting on the fatigue crack propagation rate of 40Cr steel[J]. Results in physics, 2019, 12: 424-431.

［37］ ZHAO D C, WU G Q. Effects of remelting and refining on the microstructure and properties of particle reinforced magnesium-lithium matrix composites [J]. Materials science and engineering: A, 2020, 788: 139607.

［38］ YAMAGUCHI N, SHIOZAKI T, TAMAI Y. Micro-needle peening method to improve fatigue strength of arc-welded ultra-high strength steel joints [J]. Journal of materials processing technology, 2021, 288: 116894.

［39］ 邱新杰, 彭云. 电弧焊与填充金属委员会(IIW-C-II)研究进展: 第70届国际焊接学会年会电弧焊与填充金属研究组报告评述[J]. 焊接, 2018(3): 1-14.

［40］ 霍立兴, 王东坡, 王文先. 提高焊接接头疲劳性能的研究进展和最新技术[J]. 焊接快讯, 2004, 86(10): 146-158.

［41］ HORN A M, HUTHER I, LIEURADE H P. Fatigue behaviour of T-joints improved by TIG dressing[J]. Welding in the world: journal of the international institute of welding，1998，41(4)：273-280.

[42] 姚鹏，张志毅，吴向阳，等. 焊趾 TIG 熔修跟随超声冲击处理对焊接接头残余应力及疲劳强度的影响[J]. 兵器材料科学与工程，2014，37(5)：94-98.

[43] 王东坡，霍立兴，张玉凤. TIG 熔修法改善含咬边缺陷焊接接头疲劳性能[J]. 天津大学学报(自然科学与工程技术版)，2004,37(7)：570-574.

[44] 李冬霞，贾宝春，刘元杰. TIG 熔修提高平台立焊接头疲劳强度及实船应用[J]. 机械强度，2003,25(3)：271-274.

[45] 郭豪，史春元，丁成钢，等. 基于 TIG 电弧重熔的焊后复合处理工艺改善 T 形接头疲劳强度的研究[J]. 焊接，2008(2)：23-26.

[46] 胡树萌. TIG 焊趾重熔技术的验证及推广应用[J]. 现代制造技术与装备，2019(11)：127-128.

[47] 曲金光，马春霞，卢静. TIG 重熔技术对吊车梁焊接接头性能影响[J]. 焊接，2005(2)：20-23.

[48] 刘满华，董洪达，马传平. 焊趾 TIG 重熔对转向架用 P355NL1 钢对接接头残余应力的影响[J]. 电焊机，2015，45(4)：170-173.

[49] 尤君. 转向架用 S355J2W 耐候钢板 TIG 重熔工艺的研究[J]. 金属加工(热加工)，2017(18)：18-20.

[50] 郭淑琴，郝元生，郭秉兆. 焊缝 TIG 重熔处理在高速转向架构架制造中的应用[J]. 铁道机车车辆，1995,15(3)：29-31.

[51] HUO L X，WANG D P，ZHANG Y F. Investigation of the fatigue behaviour of the welded joints treated by TIG dressing and ultrasonic peening under variable-amplitude load [J]. International journal of fatigue，2005，27(1)：95-101.

[52] 朱有利，李占明，韩志鑫，等. 超声冲击处理对 2A12 铝合金焊接接头表层组织性能的影响[J]. 稀有金属材料与工程，2010，39(S1)：130-133.

[53] CHEN X，HAN Z，LI X Y，et al. Lowering coefficient of friction in Cu alloys with stable gradient nanostructures[J]. Science advances，2016，2(12)：e1601942.

[54] ROLAND T，RETRAINT D，LU K，et al. Fatigue life improvement through surface nanostructuring of stainless steel by means of surface me-

chanical attrition treatment [J]. Scripta materialia, 2006, 54 (11): 1949-1954.

[55] 赵小辉, 王东坡, 王惜宝, 等. 承载超声冲击提高 TC4 钛合金焊接接头的疲劳性能[J]. 焊接学报, 2010, 31(11): 57-60.

[56] LIU Y, WANG D P, DENG C Y, et al. Influence of re-ultrasonic impact treatment on fatigue behaviors of S690QL welded joints[J]. International journal of fatigue, 2014, 66: 155-160.

[57] GALTIER A, STATNIKOV E S. The influence of ultrasonic impact treatment on fatigue behaviour of welded joints in high-strength steel[J]. Welding in the world, 2004, 48(5): 61-66.

[58] ABDULLAH A, MALAKI M, ESKANDARI A. Strength enhancement of the welded structures by ultrasonic peening[J]. Materials & design, 2012, 38: 7-18.

[59] 杜松, 金成. 振动削减铝合金焊接残余应力的细观模拟[J]. 焊接, 2021 (7): 34-40.

[60] 王茵, 田兴强, 李敏. 机械振动对 WQ960 钢焊接接头组织与性能的影响[J]. 贵州师范大学学报(自然科学版), 2018, 36(5): 60-64.

[61] 由国艳, 崔天凯, 陈立. 机械振动对高强钢焊接接头组织与性能的影响[J]. 热加工工艺, 2019, 48(3): 217-221.

[62] 张国福, 宋天民, 尹成江, 等. 机械振动焊接对焊缝及热影响区金相组织的影响[J]. 焊接学报, 2001, 22(3): 85-87.

[63] 张德芬, 宋天民, 张国福, 等. 机械振动焊接对残余应力的影响及机理分析[J]. 抚顺石油学院学报, 2001, 21(1): 53-56, 63.

[64] 管建军, 宋天民, 张国福, 等. 机械振动对焊接熔池金属凝固过程的影响[J]. 抚顺石油学院学报, 2001, 21(4): 51-54.

[65] 林用满, 管卫华, 谢再晋, 等. 机械振动对 Q690 钢焊接接头组织与性能的影响[J]. 热加工工艺, 2019, 48(7): 224-227.

[66] 尹何迟, 刘龙飞, 陈立功, 等. HT-7U 真空室振动时效消应力分析[J]. 力学与实践, 2010, 32(4): 62-65.

[67] 徐济进, 陈立功, 倪纯珍. 机械应力消除法对焊接残余应力的影响[J]. 机械工程学报, 2009, 45(9): 291-295.

[68] 任新怀,卢庆华,白永真. 机械振动对激光填丝焊接接头组织和疲劳性能影响[J]. 轻工机械,2020,38(3):96-99.

[69] 孟祥旗. 振动处理工艺对铸、焊件机械性能影响研究[D]. 济南:山东大学,2018.

[70] 温彤,刘诗尧,陈世,等. 高频振动对 AZ31 镁合金 TIG 焊接接头微观组织与力学性能的影响(英文)[J]. 中国有色金属学报,2015,25(2):397-404.

[71] 蔡遵武,卢庆华,张成,等. 1060Al 高频微振激光焊接接头气孔及组织[J]. 焊接学报,2019,40(1):53-58.

[72] 彭必荣,卢庆华,何晓峰,等. 机械振动对激光焊接接头组织的影响[J]. 机械工程学报,2015,51(20):94-100.

[73] 韩斌畴,卢庆华,张静,等. 机械振动下的焊接接头组织分析[J]. 焊接技术,2016,45(11):14-16.

[74] 于群. 交变应力下的焊接工艺对焊缝力学性能的影响[D]. 大连:大连理工大学,1996.

[75] 陈金涛,宫照坤,曲牡,等. 振动焊接对焊缝力学性能影响[J]. 大连理工大学学报,2001,41(1):35-37.

[76] ROBSON J, PANTELI A, PRANGNELL P B. Modelling intermetallic phase formation in dissimilar metal ultrasonic welding of aluminium and magnesium alloys[J]. Science and technology of welding and joining, 2012,17(6):447-453.

[77] LU Y, SONG H, TABER G A, et al. In-situ measurement of relative motion during ultrasonic spot welding of aluminum alloy using Photonic Doppler Velocimetry[J]. Journal of materials processing technology, 2016,231:431-440.

[78] KUO C W, YANG S M, CHEN J H, et al. Preferred orientation of inconel 690 after vibration arc oscillation welding [J]. Materials transactions,2008,49(3):688-690.

[79] WATANABE T, SAKUYAMA H, YANAGISAWA A. Ultrasonic welding between mild steel sheet and Al-Mg alloy sheet[J]. Journal of materials processing technology, 2009,209(15/16):5475-5480.

[80] SIDDIQ A, GHASSEMIEH E. Thermomechanical analyses of ultrasonic

welding process using thermal and acoustic softening effects [J]. Mechanics of materials, 2008, 40(12): 982-1000.

[81] RAO M V, RAO P S, BABU B S. Effect of vibratory tungsten inert gas welding on tensile strength of aluminum 5052-H32 alloy weldments[J]. Materials focus, 2017, 6(3): 325-330.

[82] XU C, SHENG G M, CAO X Z, et al. Evolution of microstructure, mechanical properties and corrosion resistance of ultrasonic assisted welded-brazed Mg/Ti joint[J]. Journal of materials science & technology, 2016, 32(12): 1253-1259.

[83] PUCKO B, GLIHA V. Effect of vibration on weld metal hardness and toughness[J]. Science and technology of welding and joining, 2005, 10 (3): 335-338.

[84] PUCKO B. Effect of vibratory weld conditioning on weld impact toughness [J]. Materials and manufacturing processes, 2009, 24(7/8): 766-771.

[85] MAJIDIRAD A, YIHUN Y. Review of welding residual stress stiffening effect on vibrational characteristics of structures using damage approach and vibratory stress relief implementation[C]//ASME 2017 international design engineering technical conferences and computers and information in engineering conference, August 6-9, 2017, Cleveland, Ohio, USA. 2017.

[86] BAGHERI B, MAHDIAN RIZI A A, ABBASI M, et al. Friction stir spot vibration welding: improving the microstructure and mechanical properties of Al5083 joint [J]. Metallography, microstructure, and analysis, 2019, 8(5): 713-725.

[87] KIM S, JIN K, SUNG W, et al. Effect of Lack of Penetration on the fatigue strength of high strength steel butt weld[J]. KSME journal, 1994, 8(2): 191-197.

[88] JANOSCH J J, KONECZNY H, DEBIEZ S, et al. Improvement of fatigue strength in welded joints(in HSS and in aluminium alloys) by ultrasonic hammer peening[J]. Weld world, 1996,37: 72-82.

[89] 赵国荣, 蒋文明, 樊自田. 浇注温度和机械振动对消失模型壳铸造 ZL101A 合金组织性能的影响[J]. 特种铸造及有色合金, 2018, 38(2): 186-189.

[90] 蒋文明，樊自田. 镁合金消失模铸造新技术研究[J]. 铸造，2021，70(1)：28-37.

[91] SAYUTI M，SULAIMAN S，BAHARUDIN B T H T，et al. Metal matrix composite products by vibration casting method[M]//Reference Module in Materials Science and Materials Engineering. Amsterdam：Elsevier，2016.

[92] 刘永勋，马秉馨. 机械振动振幅对消失模铸造 ZGMn13 钢组织和性能的影响[J]. 热加工工艺，2018，47(17)：85-87.

[93] 石凤武，刘传军. 机械振动对消失模-熔模铸造铝合金组织和力学性能的影响[J]. 热加工工艺，2018，47(13)：100-102.

[94] TONG X，YOU G Q，WANG Y C，et al. Effect of ultrasonic treatment on segregation and mechanical properties of as-cast Mg-Gd binary alloys [J]. Materials science and engineering：A，2018，731：44-53.

[95] PENG H，LI R Q，LI X Q，et al. Effect of multi-source ultrasonic on segregation of Cu elements in large Al-Cu alloy cast ingot[J]. Materials，2019，12(17)：2828.

[96] 胡德林. 金属学原理[M]. 西安：西北工业大学出版社，1995.

[97] 陈锋，何德坪，舒光冀. 振动干扰频谱对凝固组织形态的影响[J]. 东南大学学报，1994，24(4)：45-50.

[98] ABU-DHEIR N，KHRAISHEH M，SAITO K，et al. Silicon morphology modification in the eutectic Al-Si alloy using mechanical mold vibration [J]. Materials science and engineering：A，2005，393(1/2)：109-117.

[99] KOCATEPE K. Effect of low frequency vibration on porosity of LM25 and LM6 alloys[J]. Materials ＆ design，2007，28(6)：1767-1775.

[100] SULAIMAN S，ZULKIFLI Z A. Effect of mould vibration on the mechanical properties of aluminium alloy castings[J]. Advances in materials and processing technologies，2018，4(2)：335-343.

[101] 王成军，崔骄建. 振动技术在金属铸造成形过程中的应用与研究[J]. 铸造技术，2018，39(10)：2240-2243.

[102] VARUN S，CHAVAN T K. Influence of mould vibration on microstructural behaviour and mechanical properties of LM25 aluminium

alloy using gravity die casting process［J］. Materials today：proceedings，2021，46：4412-4418.

[103] JIANG W M，FAN Z T，CHEN X，et al. Combined effects of mechanical vibration and wall thickness on microstructure and mechanical properties of A356 aluminum alloy produced by expendable pattern shell casting［J］. Materials science and engineering：A，2014，619：228-237.

[104] 张峥. 机械振动对 A356 合金消失模铸造充型及性能的影响[J]. 铸造技术，2015，36(2)：466-468.

[105] KHMELEVA M G，ZHUKOV I A，GARKUSHIN G V，et al. Effects of vibration and TiB2 additions to the melt on the structure and strain-rate sensitive deformation behavior of an A356 alloy[J]. JOM，2020，72(11)：3787-3797.

[106] 李思昊. 实时超声冲击对焊接应力变形及接头组织性能的影响[D]. 哈尔滨：哈尔滨工业大学，2015.

[107] 王鹏博，薛海龙. 随焊超声振动在电弧焊接中的应用[J]. 热加工工艺，2019，48(23)：5-9.

[108] 赵维. 实时超声冲击消减焊接残余应力及变形的实验和仿真研究[D]. 哈尔滨：哈尔滨工业大学，2019.

[109] 国家质量监督检验检疫总局，中国国家标准化管理委员会. 金属显微组织检验方法：GB/T 13298—2015[S]. 北京：中国标准出版社，2016.

[110] 国家市场监督管理总局，国家标准化管理委员会. 金属材料焊缝破坏性试验 焊接接头显微硬度试验：GB/T 27552—2021[S]. 北京：中国标准出版社，2021.

[111] 国家市场监督管理总局，国家标准化管理委员会. 金属材料焊缝破坏性试验 横向拉伸试验：GB/T 2651—2023［S］. 北京：中国标准出版社，2023.

[112] DOU X H，HE Z H，ZHANG X W，et al. Corrosion behavior and mechanism of X80 pipeline steel welded joints under high shear flow fields[J]. Colloids and surfaces A：physicochemical and engineering aspects，2023，665：131225.

[113] JORGE J C F, DE SOUZA L F G, FARNEZE H N, et al. Microstructural evolution of superaustenitic stainless steel weld metal subjected to post welding heat treatment[J]. Materials letters, 2023, 344: 134476.

[114] 中华人民共和国工业和信息化部公告. 金属材料实验室均匀腐蚀全浸试验方法: JB/T 7901—2023[S]. 北京: 机械工业出版社, 2023.

[115] 国家质量监督检验检疫总局, 中国国家标准化管理委员会. 金属和合金的腐蚀 腐蚀试样上腐蚀产物的清除: GB/T 16545—2015[S]. 北京: 中国标准出版社, 2016.

[116] 国家市场监督管理总局, 国家标准化管理委员会. 金属材料 拉伸试验 第1部分: 室温试验方法: GB/T 228.1—2021[S]. 北京: 中国标准出版社, 2021.

[117] JIE Z Y, LI Y D, WEI X, et al. Fatigue life prediction of welded joints with artificial corrosion pits based on continuum damage mechanics[J]. Journal of constructional steel research, 2018, 148: 542-550.

[118] XU Q F, GAO K W, WANG Y B, et al. Characterization of corrosion products formed on different surfaces of steel exposed to simulated groundwater solution[J]. Applied surface science, 2015, 345: 10-17.

[119] GUO X Y, ZHU J S, KANG J F, et al. Rust layer adhesion capability and corrosion behavior of weathering steel under tension during initial stages of simulated marine atmospheric corrosion[J]. Construction and building materials, 2020, 234: 117393.

[120] GONG K, WU M, LIU G X. Comparative study on corrosion behaviour of rusted X100 steel in dry/wet cycle and immersion environments[J]. Construction and building materials, 2020, 235: 117440.

[121] DE LA FUENTE D, ALCÁNTARA J, CHICO B, et al. Characterisation of rust surfaces formed on mild steel exposed to marine atmospheres using XRD and SEM/Micro-Raman techniques [J]. Corrosion science, 2016, 110: 253-264.

[122] KAMIMURA T, HARA S, MIYUKI H, et al. Composition and protective ability of rust layer formed on weathering steel exposed to

various environments[J]. Corrosion science, 2006, 48(9): 2799-2812.

[123] JIANG W M, CHEN X, WANG B J, et al. Effects of vibration frequency on microstructure, mechanical properties, and fracture behavior of A356 aluminum alloy obtained by expendable pattern shell casting [J]. The international journal of advanced manufacturing technology, 2016, 83(1): 167-175.

[124] 白莱文斯. 流体诱发振动[M]. 吴恕三, 译. 北京: 机械工业出版社, 1983.

[125] 国家市场监督管理总局, 国家标准化管理委员会. 金属材料焊缝破坏性试验 冲击试验: GB/T 2650—2022[S]. 北京: 中国标准出版社, 2022.

[126] GUI X Y, GAO X D, ZHANG Y X, et al. Investigation of welding parameters effects on temperature field and structure field during laser-arc hybrid welding[J]. Modern physics letters B, 2022, 36(7): 2150467.

[127] 刘长军. 双脉冲 MIG 焊 7075 超硬铝合金焊接接头组织与性能的研究[D]. 沈阳: 沈阳工业大学, 2017.

[128] SHOJAATI M, KASHANI BOZORG S F, VATANARA M, et al. The heat affected zone of X20Cr13 martensitic stainless steel after multiple repair welding: microstructure and mechanical properties assessment [J]. International journal of pressure vessels and piping, 2020, 188: 104205.

[129] UEDA Y, YAMAKAWA T. Analysis of thermal elastic-plastic stress and strain during welding by finite element method[J]. Transactions of the Japan welding society, 1971, 2(2): 186-196.

[130] NAKASHIBA A, NISHIMURA H, INOUE F, et al. Fusion simulation of electrofusion polyethylene joints for gas distribution[J]. Polymer engineering & science, 1993, 33(17): 1146-1151.

[131] CHIUMENTI M, CERVERA M, SATACIBAR C. A numerical model for the simulation of multi-pass welding and metal deposition processes [C]. ICTP 2008, 9th international conference on technology of plasticity: Gyeongju, Korea, 2008.

[132] FRIEDMAN E. Thermomechanical analysis of the welding process using

the finite element method[J]. Journal of pressure vessel technology, 1975, 97(3): 206-213.

[133] RYBICKI E F, SCHMUESER D W, STONESIFER R W, et al. A finite-element model for residual stresses and deflections in girth-butt welded pipes[J]. Journal of pressure vessel technology, 1978, 100(3): 256-262.

[134] GOLDAK J, BIBBY M, MOORE J, et al. Computer modeling of heat flow in welds[J]. Metallurgical transactions B, 1986, 17(3): 587-600.

[135] ISLAM M, BUIJK A, RAIS-ROHANI M, et al. Simulation-based numerical optimization of arc welding process for reduced distortion in welded structures[J]. Finite elements in analysis and design, 2014, 84: 54-64.

[136] LEE Y, JEONG H, PARK K, et al. Development of numerical analysis model for resistance spot welding of automotive steel[J]. Journal of mechanical science and technology, 2017, 31(7): 3455-3464.

[137] NOVOTNY L, GOMES DE ABREU H F, BÉREŠ M, et al. Finite element analysis of multipass welding using LTT filler material[C]// Third International Conference on Material Science, Smart Structures and Applications: (ICMSS 2020), AIP Conference Proceedings. Erode, India. AIP Publishing, 2021.

[138] 朱政强, 吴宗辉, 范静辉. 超声波金属焊接的研究现状与展望[J]. 焊接技术, 2010, 39(12): 1-6.

[139] 饶德林, 陈立功, 倪纯珍, 等. 不锈钢振动时效过程的循环蠕变机理[J]. 焊接学报, 2005, 26(9): 58-60.

[140] 谢陈阳, 朱政强, 王小龙. 钛合金超声波焊接温度场和应力场的数值模拟[J]. 热加工工艺, 2013, 42(7): 140-144.

[141] 胡效东, 王吉涛, 杨熠成, 等. 304/Q345R复合板焊接接头微观组织及残余应力[J]. 焊接学报, 2020, 41(7): 39-45.

[142] 张红卫, 桂良进, 范子杰. 焊接热源参数优化方法研究及验证[J]. 清华大学学报(自然科学版), 2022, 62(2): 367-373.

[143] 杨帆, 陈芙蓉. A-UIT处理对7075铝合金焊接应力影响的数值模拟[J].

焊接学报，2021，42(12)：91-96.

[144] LI C L, FAN D, YU X Q, et al. Residual stress and welding distortion of Al/steel butt joint by arc-assisted laser welding-brazing [J]. Transactions of nonferrous metals society of China, 2019, 29 (4)：692-700.

[145] LEI Z K, ZOU J C, WANG D W, et al. Finite-element inverse analysis of residual stress for laser welding based on a contour method[J]. Optics & laser technology, 2020, 129：106289.

[146] 杨明. 厚板焊接残余应力的有限元计算[D]. 北京：北京工业大学，2003.

[147] 逯地. 热振时效法消除 Al-Zn-Mg 合金焊接残余应力研究[D]. 哈尔滨：哈尔滨工业大学，2019.

[148] 修磊. 大型复杂轮廓真空室焊接模拟及残余应力消除方法研究[D]. 合肥：中国科学技术大学，2017.

[149] WU B, ZHANG J X, LIU C, et al. Residual stress measurement in electron beam welded joints of 50mm thick titanium alloy[J]. Rare metal materials and engineering, 2011, 40(S4)：44-48.

[150] XIE P, ZHAO H, WU B, et al. Evaluation of residual stresses relaxation by post weld heat treatment using contour method and X-ray diffraction method [J]. Experimental mechanics, 2015, 55 (7)：1329-1337.

[151] 马崇斌. 奥氏体不锈钢焊接残余应力产生机理及消除研究[D]. 青岛：山东科技大学，2021.

[152] 宇慧平，冯峰，张亦良，等. 过载拉伸消除不锈钢焊接残余应力的数值分析[J]. 焊接学报，2016，37(8)：119-123.

[153] 汪奇兵. Invar 钢激光-MIG 复合焊接熔池流场形态研究[D]. 南京：南京航空航天大学，2017.

[154] 冀伟，张鹏，姜红. 波形钢腹板梁 T 形接头焊接温度场分析[J]. 焊接，2022(6)：8-14.

[155] DE SOUZA CARVALHO MACHADO C, DONATUS U, MILAGRE M X, et al. How microstructure affects localized corrosion resistance of stir zone of the AA2198-T8 alloy after friction stir welding [J].

Materials characterization，2021，174：111025.

[156] 王佳宁. 车用铝合金薄板双脉冲 MIG 焊接头的非匹配成型及力学性能研究[D]. 长春：吉林大学，2023.

[157] LIU Z C，HU X D，YANG Z W，et al. Optimization study of post-weld heat treatment for 12Cr1MoV pipe welded joint[J]. Metals，2021，11 (1)：127.

[158] MEYGHANI B. A modified friction model and its application in finite-element analysis of friction stir welding process［J］. Journal of manufacturing processes，2021，72：29-47.

第二篇　电—热耦合作用下焊点可靠性研究

本篇以无铅钎料 SAC305 为主要研究对象，研究了电—热耦合作用下元素扩散行为及电迁移规律，并分析了无铅钎料中微量元素 Ag、Bi、Ni 对电—热耦合时效过程的影响，主要内容如下。

（1）获得了电—热耦合作用下元素扩散规律及界面 IMC 生长演变规律，研究了电—热耦合作用下固—液扩散与固—固扩散的区别与联系。

（2）获得了微焊点的几何尺寸（钎料层厚度、焊点体积、焊点高度）对热时效及电—热耦合时效过程的影响规律。

（3）建立了热时效及电—热耦合时效过程中 Cu 焊盘消耗及界面 IMC 生长的本构模型。

（4）对比了 SAC305、SAC0705、SAC0705 — Bi、SAC0705 — Ni、SAC0705 — Bi—Ni等钎料的电迁移性能，获得了无铅钎料中微量元素（Ag、Bi、Ni）对电迁移行为的影响规律。

第7章 电—热耦合作用下焊点可靠性研究背景

随着电子计算机和通信技术的飞速发展,电子产品正向着轻、薄、短、小的方向发展[1-3]。电子产品内部电子元器件尺寸减小的同时,输入/输出(I/O)密度及性能大幅度提高[4]。倒装芯片技术凭借其封装密度高、性能好的优点成为目前最常用的封装技术之一。

一直以来,电子产品按照摩尔定律(集成电路芯片上所集成的电路的数目,每隔18个月就翻一倍)快速发展[5-7],如图7.1所示。这预示着封装结构中焊点尺寸可能减小到几微米甚至更小。微焊点在电子封装结构中起着导电、导热、机械支撑的作用。当焊点尺寸减小时,其所承受的力学、电学和热力学负荷将越来越重[8]。一个微小焊点的失效就可能导致整体器件的失效。因此,服役条件下焊点的可靠性已经成为影响微电子行业迅速发展的技术瓶颈[9]。

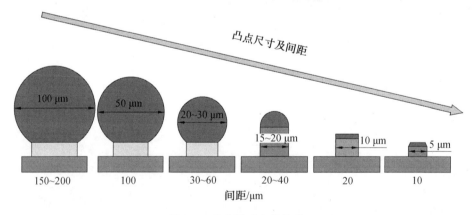

图 7.1 凸点尺寸变化趋势

焊点服役过程中的失效主要是指:在电应力(AC、DC)、热应力(高温、热冲击、热循环)、机械应力(振动、冲击)单因素或多因素的耦合作用下,焊点微观组织劣化并在界面处形成微空洞或裂纹,最终导致焊点的机械性能和电气性能下降。焊点服役过程性能的表征关系到提高微电子元器件设计制造水平及服役可靠性的关键问题。随着焊点尺寸的减小,焊点的服役条件更加复杂,对不同加载条件下焊点组织的演变行为及强度指标有待深入研究[10-11]。

7.1　电迁移研究简介

7.1.1　电迁移的研究历程

电迁移是指电流通过金属导体时,电子与金属原子发生动量传递,导致金属原子沿着电子运动方向定向移动的现象。1861 年,Geradin 第一次报道了熔融 Sn−Pb 合金及汞钠合金中的电迁移现象[12]。但接下来的几十年里,电迁移现象并未得到人们的关注,直到 1914 年,Skaupy 借助"电子风力"解释电流作用下的质量传输问题。在 Skaupy 研究的启发下,1953 年,Seith 和 Wever 对电迁移进行了系统研究,表明原子的运动方向不仅仅由静电场决定,而是取决于导体中电荷载体的运动方向[13]。从此,人们对电迁移的本质有了基本的认识。

1959 年,Fick 首先提出了电子风力的概念[14],并表明电迁移是金属原子与载流子相互作用的结果,这一研究成果引起了大家的广泛关注。从此以后,有关纯金属、合金及液态金属的电迁移试验研究广泛开展,但有关电迁移的实际应用研究相当有限。1968 年,Blech 和 Meieran[15]发现了电迁移导致集成电路中铝互连引线的失效,这使薄膜导体中的电迁移成为研究热点,也使集成电路中电迁移的应用研究广泛开展。

1998 年,Brandenburg 等人[16]发现了倒装芯片互连焊点(SnPb 钎料)中的电迁移行为。随着 IC 集成电路尺寸的减小及封装密度的提高,互连结构中微焊点的尺寸越来越小,但焊点承受的电载荷却越来越大,这使焊点内部的电流密度越来越大。当焊点内部电流密度超过 $10^4 A/cm^2$ 时,焊点的电迁移时效将会严重威胁电子元器件的可靠性[17]。图 7.2 所示为电迁移后焊点的微观形貌图,从图中可以观察到焊点阴极 Cu 焊盘的消耗和阳极界面金属间化合物(IMC)的大量聚集,这将会导致焊点的机械性能和电气性能下降,最终导致焊点的失效。因此,近年来有关互连焊点电迁移可靠性的研究在国内外广泛开展。

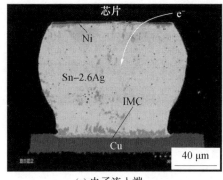 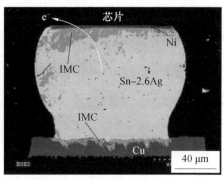

(a) 电子流入端   (b) 电子流出端

图 7.2　电迁移后焊点的微观形貌图[18]

7.1.2　电迁移的研究方法

目前,由于倒装芯片技术和球栅阵列在微连接中的广泛应用,研究电迁移的试样形式多为倒装互连焊点(BGA 焊点);倒装焊点的特殊几何形状导致焊点内存在电流聚集,使焊点内温度及电流密度分布不均,为了消除由于试样几何形状而导致的电流聚集对电迁移的影响,也有学者选用 V 形线性试样和 I 形线性试样。倒装互连焊点及线性焊点示意图如图 7.3 所示。线性试样与倒装焊点试样相比,具有以下优点:焊点制作的可重复性较好;由于焊点中不存在电流聚集,因此焊点可承担较大的电流密度;减小了试验过程中由于电流聚集而引发的热迁移对试验结果的影响。

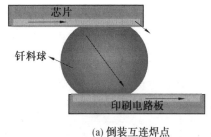 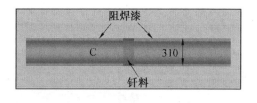

(a) 倒装互连焊点   (b) 线性焊点

图 7.3　倒装互连焊点及线性焊点示意图

电迁移试验的分析手段主要是利用金相显微镜、扫描电镜(SEM)、透射电镜等试验设备,结合能谱分析(EDX)得到电载荷下界面化合物及钎料内部的组织、形态和成分的变化。试验过程中对微焊点电阻和温度变化情况进行监测[19-20],这可预测试验进程并为后续的结果分析提供有力的数据支持。通过热电偶测量电迁移过程中焊点的温度变化,采用四针法测量试验过程中焊点电阻变化。随着数值模拟技术的发展,近年来研究者也常用试验与数值模拟相结合的方法来研究电迁移[21-24],利用数值模拟技术可以得到试验过程中焊点内部的电流、温度及应力的分布情况,这些为焊点的电迁移结果提供了有力的分析依据。通常采用对接焊点进行焊点抗拉或抗剪性能测试。目前也常常借助纳米压痕测试仪对BGA 焊点的弹性模量、微观硬度及蠕变性能进行测试分析。

7.1.3　电迁移与 Black 方程

1969 年,Black 经过大量试验总结出纯金属电迁移的中值失效时间 MTTF (mean time to failure)的经验公式,即[25]

$$MTTF = Aj^{-n}\exp\frac{Q}{kT} \tag{7.1}$$

式中　A——常数;

　　　j——电流密度,A/cm^2;

　　　n——电流密度指数;

　　　Q——扩散激活能;

　　　k——玻耳兹曼常数;

　　　T——绝对温度,K。

式(7.1)就是著名的 Black 方程,被广泛用于 Cu、Al 引线电迁移寿命预测($n=2$)。与互连引线相比,倒装焊点中存在电流拥挤效应,传统的 Black 方程已不再适用,需要对其进行修订,有研究结果指出[26],将 Black 方程中的 j^{-n} 修订为$(cj)^{-n}$,将温度项 T 修订为$(T+\Delta T)$,有

$$MTTF = A(cj)^{-n}\exp\frac{Q}{k(T+\Delta T)} \tag{7.2}$$

式中　c、ΔT——与电流密度 j 有关的因子。

一般倒装焊点中,c 取 10;ΔT 取 40 ℃(313 K)。也有研究指出[27],由于焊点的电流聚集处存在热点,因此对于焊点的电迁移的中值失效时间只需将 Black 方程中的温度 T 用焊点中的热点温度计算即可。

7.1.4　电迁移过程中的电流拥挤效应

对于微焊点互连结构,由于互连引线与微焊点几何形状的差异,因此互连引线导电截面积比微焊点的导电截面积小两个数量级以上,互连引线中的电流密

度要比焊点中的电流密度大两个数量级。当电流从引线流入焊点时,由于导电截面积的巨大差异,因此在互连引线与焊点界面处会产生电流聚集。此外,电流流入或流出倒装焊点时,由于电流方向发生改变,因此焊点中电流入口处及出口处将会产生电流聚集,即电流流入点和流出点的电流密度要高于焊点内平均电流密度,研究表明,电流入口和出口处的电流密度要比焊点内平均电流密度大一个数量级左右,BGA 焊点内部电流密度分布如图 7.4 所示。

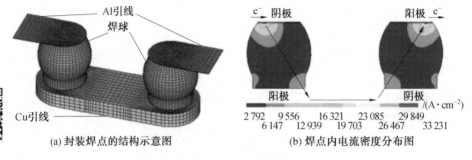

| (a) 封装焊点的结构示意图 | (b) 焊点内电流密度分布图 |

图 7.4　BGA 焊点内部电流密度分布[28]

7.1.5　电迁移过程中的焦耳热效应

当电流通过焊点时,必定会伴随着焦耳热效应。众所周知,一般当焊点内的电流密度达到 10^4 A/cm^2 时,焊点才会发生电迁移失效,根据焦耳热公式,即

$$Q = I^2 R = j^2 \rho V \tag{7.3}$$

式中　I——加载电流;

　　　R——导体电阻;

　　　j——导体中电流密度;

　　　ρ——导体电阻率;

　　　V——焊点体积。

根据式(7.3)可知,电迁移过程中,在 10^4 A/cm^2 以上电流密度的作用下,焊点内产生的焦耳热很大,这将导致试验过程中焊点温度高于测试环境温度。而电子封装结构中通常采用环氧树脂对电子元器件进行封装,因此,焊点的散热条件有限,通电过程中焊点的温度将升高。焊点温度升高将会带来以下问题[29-30]:①加剧原子在平衡位置的热振动,增加了原子的不稳定性,有利于电流作用下原子脱离周围原子束缚沿着电流方向迁移,加速了电迁移失效过程;②焊点温度的升高降低了化学反应激活能,加速界面化学反应,使界面 IMC 的生长速率加快;

③温度升高导致焊点内空位密度增大,加速了原子从阴极到阳极的空位扩散过程;④焦耳热的作用使电流聚集处温度高于焊点内平均温度,导致焊点内存在温度梯度,进而引发原子的热迁移过程。

7.1.6　电迁移过程中的极化效应

电迁移过程中,焊点内金属原子的定向移动会导致界面 IMC 生长的极化效应。极化效应是指电流驱动金属原子从阴极向阳极定向扩散迁移,导致阴极界面 IMC 分解并抑制界面 IMC 在阴极形成,同时加速界面 IMC 在阳极的形成,最终使阳极界面 IMC 层厚度大于阴极界面 IMC 层厚度的现象[31-32]。图 7.5 为电迁移后 BGA 焊点和线性焊点的微观形貌图,焊点两极界面 IMC 层厚度明显不同,存在极化效应。

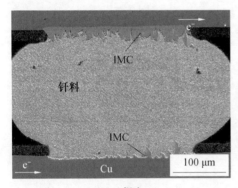

(a) BGA 焊点

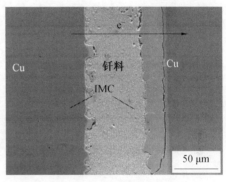

(b) 线性焊点

图 7.5　电迁移后焊点的微观形貌图

电迁移过程中,阴极金属原子的不断迁出会形成微空洞,微空洞在凸点下金属层(under-bump metallization,UBM)和 IMC 层界面处聚集扩展形成裂纹,影响焊点的机械性能和电气性能。阳极原子的挤入导致原子堆积形成锡须,锡须的生长会导致相邻焊点出现短路现象,影响电子元器件的电气可靠性。

7.2　电迁移过程驱动力的研究

微焊点的电迁移失效并不是一个简单孤立的过程。由于微焊点的特殊几何结构,在电载荷作用下,焊点内部存在着电流聚集、温度梯度、应力梯度、化学浓度梯度等。微焊点的电迁移过程是电子风力作用下的电迁移,温度梯度作用下的热迁移,应力梯度作用下的应力迁移及浓度梯度作用下的化学迁移多重因素共同作用的结果[33-34]。但对于尺寸较大的微焊点,电流加载过程中,焊点内温度梯度及应力梯度较小,电子风力及浓度梯度是原子扩散迁移的主要驱动力。

7.2.1 电迁移

电迁移的驱动力主要为电子风力。电子风力是指电子与金属原子发生碰撞,使金属原子克服周围束缚沿电子运动方向运动的力,电子风力的方向与电子运动的方向一致。1961 年,Huntington 和 Grone[35] 的研究表明,在直接力 (F_{direct}) 及电子风力 (F_{wind}) 的共同作用下,金属原子克服周围束缚,脱离平衡位置,以晶格扩散(或晶界扩散)的方式沿电子运动方向定向迁移。电流作用下金属原子的受力示意图如图 7.6 所示。金属原子所受的直接力与电子风力方向相反,但直接力的大小远小于电子风力。因此,在电载荷作用下,金属原子扩散迁移的驱动力主要为电子风力。目前所说的电子风力 (F_{EM}) 一般指 F_{direct} 和 F_{wind} 的合力,即

$$7F_{EM} = F_{wind} + F_{direct} = Z^* e\rho j \tag{7.4}$$

式中　Z^*——有效电荷数;

　　　　e——电子电量;

　　　　ρ——金属电阻率;

　　　　j——电流密度。

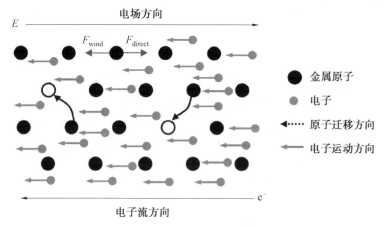

图 7.6　电流作用下金属原子的受力示意图[36]

电子风力作用下原子的扩散迁移通量 J_{EM} 可以表示为

$$J_{EM} = CMF_{EM} \tag{7.5}$$

式中　C——扩散原子浓度；

　　　M——原子迁移率，$M = D/KT$；

　　　F_{EM}——电子风力，结合式(7.4)和式(7.5)，电子风力作用下原子的扩散
　　　　　　　迁移通量 J_{EM} 可表示为

$$J_{EM} = \frac{CD}{KT} Z^* e\rho j \tag{7.6}$$

式中　D——扩散系数；

　　　K——玻耳兹曼常数；

　　　T——绝对温度。

7.2.2　热迁移

　　由于电迁移过程中焦耳热的存在，微焊点的电迁移过程往往伴随着热迁移[37]。热迁移是指在温度梯度作用下金属原子扩散迁移的一种现象。温度梯度作用下原子会定向移动，研究表明，Pb 原子、Zn 原子向低温方向迁移，Sn 原子向高温方向迁移[38-39]。电流通过微焊点时，焊点内温度梯度的产生原因主要包括以下三方面：①电流通过焊点时，焊点的特殊几何形状导致电流入口和出口处存在电流聚集现象。根据式(7.3)可知，微焊点中电流密度较大处，温度较高。②Si 芯片侧的散热系数比基板侧的散热系数小，因此芯片侧要比基板侧温度高。③电迁移过程导致阴极形成空洞、裂纹，阳极形成小丘，这些孔洞和小丘的形成将导致电流分布不均。图 7.7 为焊点内存在空洞时，焊点内电流密度分布和温度分布[40]，可以发现，由于空洞的存在，焊点内存在很大的温度梯度。Chen 等人[41]的研究表明，在电子风力及温度梯度的共同作用下，Cu 原子向冷的方向迁移，使焊点内阴极近区形成了大量的 IMC，电迁移后焊点微观形貌及原子受力示意图如图 7.8 所示。

　　温度梯度作用下原子所受的迁移力 F_{TM} 可表示为

$$F_{TM} = \frac{Q^*}{T} \left(\frac{\partial T}{\partial x} \right) \tag{7.7}$$

　　迁移力 F_{TM} 作用下的热迁移通量 J_{TM}[42-43] 为

$$J_{TM} = C \frac{D}{kT} \frac{Q^*}{T} \left(\frac{\partial T}{\partial x} \right) \tag{7.8}$$

式中　C——原子浓度；

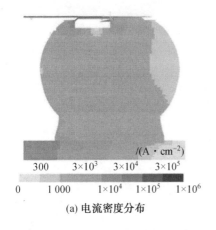

(a) 电流密度分布

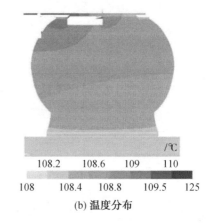

(b) 温度分布

图 7.7   焊点内电流密度分布和温度分布[41]

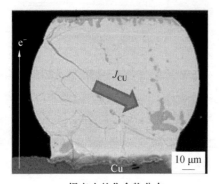

(a) 焊点内的化合物分布

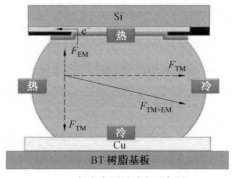

(b) 焊点内原子受力示意图

图 7.8   电迁移后焊点微观形貌及原子受力示意图[42]

D——扩散系数;

k——玻耳兹曼常数;

T——绝对温度;

Q^*——热传递量(1 mol 原子运动时所需能量与初始能量差);

$\delta T/\delta x$——温度梯度。

焊点内加载电流时,若原子的热迁移方向与电迁移方向一致,则会加速电迁移失效进程,相反,如果原子的热迁移方向与电迁移方向相反,将会抑制电迁移失效过程。Nguyen 等人[44]研究发现,电迁移过程中,焊点中温度梯度为 0.09 K/mm、0.19 K/mm 和 0.28 K/mm 时对应的中值失效时间与没有温度梯度时分别减小了 10%、60% 和 91%。

7.2.3　应力迁移

应力迁移是指在应力梯度作用下原子由压应力区向拉应力区迁移的现象。在电载荷作用下,原子由阴极向阳极定向迁移,阴极侧由于原子的迁出形成拉应力区,而阳极侧由于原子的堆积形成压应力区。在应力作用下,焊点原位电迁移后,阳极出现小丘和锡须,阴极出现凹坑和裂纹,但焊点经过抛光后,阳极侧仅能发现一层厚度均匀一致的 Cu_6Sn_5 金属间化合物,电迁移后阳极锡须的生长如图7.9 所示。因此,电迁移过程中焊点内存在由阳极指向阴极的应力梯度,在应力梯度作用下,原子由阳极向阴极迁移。原子的应力迁移方向与电迁移方向相反,因此,焊点内原子的应力迁移对电迁移有一定程度的抑制作用。Belch 等人[45-46]发现,当互连引线长度低于某一值时,电迁移导致的由阴极向阳极的质量运输将停止,这就是著名的 Belch 效应。Belch 效应的产生主要归因于背应力的作用,当引线长度低于某一值,应力梯度足够大时,应力梯度作用下的原子迁移与电子风力作用下的原子迁移相互抵消(或者应力梯度完全阻碍了电子风力导致的原

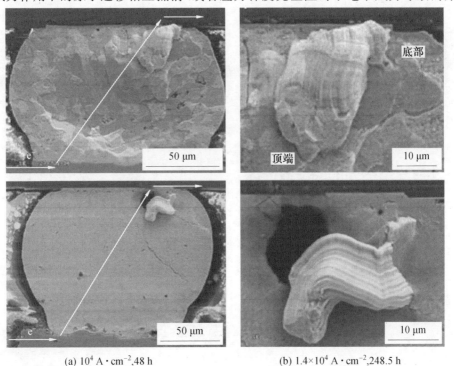

(a) 10^4 A·cm^{-2},48 h　　　　(b) 1.4×10^4 A·cm^{-2},248.5 h

图 7.9　电迁移后阳极锡须的生长[48]

子迁移），因此不会发生电迁移现象。常红等人[47]在电迁移试验中发现温度梯度引起的热迁移主导了原子迁移过程，导致阴极界面边缘处出现 Cu_6Sn_5 IMC 异常堆积现象，使电迁移过程表现出反极性效应。

应力梯度作用下原子扩散迁移驱动力 F_{BM} 可表示为[49]

$$F_{BM} = \Omega \frac{\partial \delta}{\partial x} \tag{7.9}$$

应力梯度作用下原子扩散迁移通量 J_{BM} 可表示为

$$J_{BM} = C \frac{D}{kT} \frac{\mathrm{d}\sigma\Omega}{\mathrm{d}x} \tag{7.10}$$

式中　C——扩散元素浓度；

　　　D——扩散系数；

　　　k——玻耳兹曼常数；

　　　T——绝对温度；

　　　Ω——原子体积；

　　　$\mathrm{d}\sigma/\mathrm{d}x$——应力梯度。

7.2.4　化学迁移

化学迁移是指在化学浓度梯度作用下原子扩散迁移的现象。焊点的基板/界面 IMC 及界面 IMC/体钎料之间存在元素浓度梯度。为了减小浓度梯度，金属原子会顺着浓度梯度的方向从高浓度区扩散进入低浓度区。电迁移过程中，由于 UBM 层/IMC 及 IMC/钎料之间存在浓度梯度，因此，电迁移过程中伴随着由浓度梯度引起的化学迁移现象。

根据菲克第一定律，浓度梯度下原子的扩散通量 J_{CM} 可表示为

$$J_{CM} = -D \frac{\mathrm{d}C}{\mathrm{d}x} \tag{7.11}$$

式中　D——扩散系数；

　　　$\mathrm{d}C/\mathrm{d}x$——浓度梯度。

7.3　影响微焊点电迁移性能的因素

电迁移的本质是在电载荷的作用下金属原子沿电子流的方向发生扩散迁移的现象，因此凡是直接或间接影响金属原子扩散迁移的因素都会影响焊点的电

迁移失效。

电迁移是一个非常复杂的过程,电迁移的过程与很多因素有关,主要包括工作电流聚集、焦耳热、焊点内部温度梯度、晶粒结构、晶粒取向、界面组织、应力梯度、合金成分、互连尺寸及形状等。目前,人们研究电迁移主要集中在合金成分(钎料成分及 UBM 层成分)、加载条件(电流密度及温度)、焊点结构(焊点形式及 UBM 层厚度)和焊点几何尺寸等方面,并获得了一系列的研究成果。

7.3.1　服役条件

电迁移试验过程中通常通过加热的方法来加速试验进程,加热温度的高低很大程度上影响着试验的过程。Ke 等人[50]以 Cu 和 Sn 的电迁移通量为出发点,通过理论分析和试验验证的方法表明电迁移过程中温度是焊点的失效机制的决定因素。较高温度时,焊点的失效机制为界面处形成空洞并扩展,最终导致焊点断路;较低温度时,焊点下金属化层的过度消耗是焊点的主要失效机制。根据电迁移通量公式可知,焊点温度升高或其内部电流密度的增加都会加速焊点的电迁移时效过程。图 7.10[51]表明了不同温度及电流密度下焊点两极界面 IMC 层厚度的变化情况,从图中可以看出,温度越高,焊点内部电流密度越大,电迁移后两极界面 IMC 层厚度变化越大,表现出的极性效应越明显[52]。

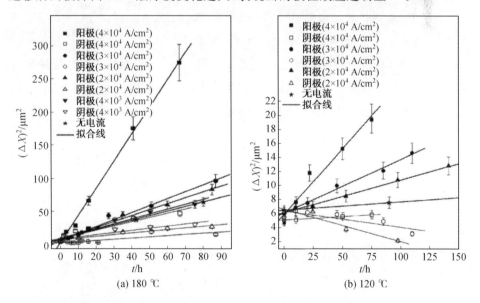

图 7.10　不同温度及电流密度下界面 IMC 层厚度的变化情况[51]

7.3.2   焊点结构

焊点的试样形式和 UBM 层厚度不同会导致电流流入焊点时焊点内部电流分布不同,进而影响焊点内温度分布。这些都会严重影响焊点的电迁移寿命。Xu 等人[52]研究了芯片侧采用不同 UBM 层结构时 SnAgCu 焊点的可靠性,研究表明,当芯片侧为铜柱时,焊点的失效时间有所延长,主要是因为电流作用下,铜柱转变成界面化合物需要一定时间并且芯片侧为铜柱时焊点界面处电流聚集减弱。Han 等人[53]的研究同样表明,当采用较厚的 UBM 层时,一定程度上减小了焊点内电流聚集和电流的焦耳热,可以有效地提高电迁移寿命。Lai 等人[54]研究了 UBM 层厚度对 SAC305 焊点抗电迁移性能的影响,研究表明,随着 UBM 层厚度的增加,SAC305 钎料的抗电迁移性能增强。Tu 教授等人采用数值模拟的方法获得了 UBM 层厚度对电流密度聚集的影响,指出 UBM 为 $2~\mu m$ 厚度的薄膜时,电流密度聚集在凸点与 UBM 相界面的凸点边缘,电迁移失效将会在凸点侧发生;当 UBM 为 $10~\mu m$ 厚度的厚膜时,电流密度聚集在 UBM 中,电迁移失效最终将会在 UBM 中发生。

7.3.3   焊点合金成分

由于 Pb 对人体及环境的危害、2003 年无铅 PoHS 禁令的颁发,因此寻找新的可以代替 SnPb 钎料的无铅钎料成为国内外的研究热点。目前,新开发的无铅钎料中,工业界认可已得到广泛应用的无铅钎料见表 7.1。无铅钎料性能的研究也广泛开展,关于无铅钎料电迁移性能结果较多。由于钎料的合金成分、熔点的差异,因此形成界面 IMC 的成分不同,导致其抗电迁移性能明显不同。Othman 等人研究了 Sn-3Ag-0.5Cu、Sn-9Zn、Sn-8Zn-3Bi 三种钎料的抗电迁移性能。回流后焊点的微观形貌,如图 7.11 所示。不同成分的钎料形成的界面 IMC 不同,分别为 Cu_6Sn_5 和 Cu_5Zn_8,由于两种化合物中元素扩散系数不同($D_{Zn}=2.7\times10^{-10}~cm^2/s$,$D_{Sn}=1.9\times10^{-10}~cm^2/s$),且其形成的吉布斯自由能不同($\Delta G_{Cu5Zn8}=-12.34~kJ/mol$,$\Delta G_{Cu6Sn5}=-7.42~kJ/mol$,$\Delta G_{Cu3Sn}=-7.78~kJ/mol$),因此界面 IMC 层形成厚度不同,这也是其电迁移性能不同的原因。

表 7.1　不同钎料合金性能

钎料	熔点/℃	优点	缺点
Sn－3.5Ag	221	导电性好、抗蠕变性能好、抗热疲劳能力强	成本高
Sn－9Zn	199	成本低、熔点低、高强度、抗热疲劳能力强、抗蠕变性能好[55]	抗氧化性差
Sn－0.7Cu	227	成本低、润湿性好	强度低
Sn－3Ag－0.5Cu	217	润湿性好、力学性能好、熔点相对较低	成本高

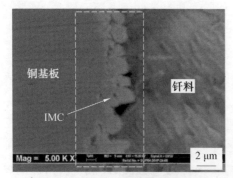

(a) Sn–3Ag–0.5Cu

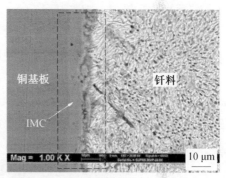

(b) Sn–9Zn

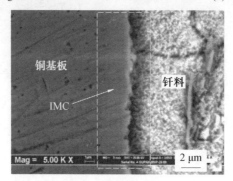

(c) Sn–8Zn–3Bi

图 7.11　回流后焊点的微观形貌[56]

钎料中微量元素的加入会影响钎料的电迁移性能。Sn 基钎料中加入 Ag 元素通常会提高焊点的电迁移性能[57],这主要是因为 Ag 元素与 Sn 结合生成 Ag_3Sn 化合物,其熔点高,抗电迁移能力强,且形态呈细长的针状,可阻碍钎料中其他元素的迁移。Chen 等人[58]研究表明,SnBi 钎料中添加质量分数为 0.5% 的

Ag 元素会提高钎料的抗电迁移性能。主要由于 Ag 与 Sn 结合形成了片状的 Ag_3Sn，阻碍了电流作用下 Bi 元素的扩散迁移，而 Cu 元素的加入则会降低 SnBi 钎料的抗电迁移性能，原因主要为 Cu 元素细化了 SnBi 钎料组织，增加了 Bi 元素的扩散迁移路径。Lu 等人[59]研究了 Zn 元素的添加对 Sn－3.5Ag 钎料抗电迁移性能的影响，结果表明，由于 Zn 元素可与 Ag、Cu、Ni 形成稳定的金属间化合物，可抑制 Cu 元素的迁移，同时可提高 Ag_3Sn、Cu_6Sn_5 的稳定性，因此提高了 Sn－3.5Ag 的抗电迁移性能。由于稀土元素可以降低界面能，减小元素的溶解速率，并可起到细化晶粒的作用，因此向钎料中添加稀土元素可以影响焊点的抗电迁移能力[60]。Lin 等人[61]研究了稀土元素 Ce 对 SnZn 钎料抗电迁移性能的影响，研究表明，Ce 的加入细化了 SnZn 钎料的组织，降低了钎料的抗电迁移性能。在 SAC305 钎料中加入 0.5% 的 Ce 会提高其力学性能并阻碍锡须的生长。而 Lin 等人[62]的研究表明，微量元素 Ce 的加入会降低 SAC305 的抗电迁移性能。

焊点 UBM 层成分直接决定了界面 IMC 的类型，对焊点的电迁移性能的影响很大。Ni 与钎料的反应速度比 Cu 与钎料的反应速度慢两个数量级，在 Cu 表面镀 Ni 可以降低焊盘的消耗速率，提高焊点的抗电迁移性能。Chae[63]对 UBM 层成分对焊点电迁移性能的影响做了分析，研究结果表明，当 Cu 充当 UBM 层时，孔洞最先出现在 Cu_6Sn_5 和钎料基体之间，但最终失效却在 Cu_3Sn 和 Cu_6Sn_5 之间；而 Ni 充当 UBM 层时，孔洞的出现和失效都发生在 Ni_3Sn_4 和钎料基体的界面处。

7.3.4 焊点尺寸

焊点的电迁移过程伴随着界面 IMC 的形成与分解，Cu 焊盘的消耗，柯肯达尔空洞的形成等固态扩散过程[64]。研究表明，元素固态扩散过程受焊点尺寸的影响[65-68]。回流焊过程属于固－液扩散过程，焊点尺寸（体积）不同会影响固－液扩散过程，进而影响界面 IMC 的形成及焊点内元素浓度。Nernst-Shchukarev 固－液扩散方程[69]为

$$\ln \frac{C_S - C_0}{C_S - C} = k \frac{St}{v} \tag{7.12}$$

式中　C——液态金属中溶解的固态金属浓度，kg/m^3；

　　　t——时间，s；

　　　C_S——饱和浓度，kg/m^3；

　　　k——溶解速率常数，m/s；

　　S——固—液接触表面积，m^2；

　　v——熔体体积，m^3。

　　根据式（7.12）可知，回流焊过程、焊盘面积及钎料体积/直径直接影响界面反应过程。

　　随着焊点尺寸的减小，相同的电流密度下焊点发热量较小，并且焊点的表面积与体积的比值变大，导致焊点的散热性变好。因此，焊点的电迁移失效与焊球的直径有很大关系，$T=130\ ℃，j=5×10^3\ A/cm^2$ 的试验条件下加载 1 000 h 后的微观形貌图如图 7.12 所示，焊球直径为 30 μm 时，该条件下加载 1 000 h 后仍没有电迁移效应产生，也没有出现因焊盘侵蚀或空洞形成而导致的失效。Wong 等人[65]的研究表明，不同尺寸焊点中 UBM 层的消耗和 IMC 的生长动力学有所不同。Lee 等人的研究表明，加载电流相同时，焊盘尺寸增大，焊点的电迁移寿命增加；焊点高度降低，焊点的抗电迁移能力增强。

图 7.12　$T=130\ ℃，j=5×10^3\ A/cm^2$ 的试验条件下加载 1 000 h 后的微观形貌图[70]

7.4　电迁移对微焊点可靠性的影响

　　电迁移过程中，金属原子从阴极向阳极定向移动，两极界面 IMC 厚度及形态变化对焊点的微观组织及力学性能产生影响。

7.4.1　对微观组织的影响

　　电迁移会导致相分离，电载荷作用下，Sn—37Pb 钎料互连焊点中 Sn 与 Pb 会重新分布，Pb 原子在阳极聚集，而 Sn 原子在阴极聚集[25]。与共晶 SnPb 钎料相似，在 Sn—58Bi 钎料中同样会出现原子的重新分布现象，Bi 原子主要聚集在阳极，而 Sn 原子主要聚集在阴极[71]（图 7.13）。然而在其他无铅钎料中，如：

Sn—3.5Ag、Sn—0.7Cu 和 Sn—3Ag—0.5Cu 等，由于 Ag、Cu 等元素含量较少，因此相分离现象并不明显。

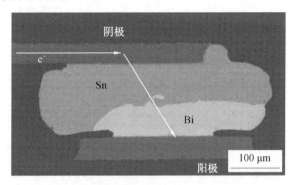

图 7.13　电流作用下($j=5\times10^3\,\mathrm{A/cm^2}$，$T=75$ ℃)Sn—58Bi 中 Bi 的聚集

　　在电迁移过程中，另一个不可忽视的问题就是加载电流后焊点内部组织粗化问题。图 7.14 为 Sn—37Pb 和 Sn—3.5Ag—0.5Cu 焊点回流焊后及加载电流($j=6\times10^4\,\mathrm{A/cm^2}$，$T=125$ ℃，$t=600$ h)后的微观组织。加载后可以明显地看到粗大的富锡相及富银相(Ag_3Sn)组织[72]。

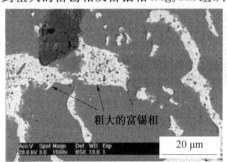

(a) Sn–37Pb回流焊后

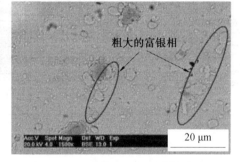

(b) Sn–3.5Ag–0.5Cu回流焊后

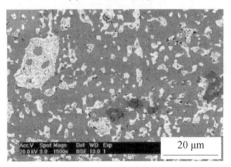

(c) Sn–37Pb相粗化

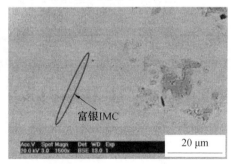

(d) Sn–3.5Ag–0.5Cu相粗化

图 7.14　焊点内相的粗化[72]

电迁移过程中由于原子的迁出,阴极焊盘会形成锯齿状的形貌[73-75],原因是电流作用下原子的迁出主要通过晶界扩散的方式完成的。因此,界面 IMC 晶界处焊盘消耗较快,而其他区域焊盘消耗较慢,最终导致焊盘锯齿状形貌的形成。电迁移过程中,在阴极界面电流密度最高处形成空洞,并沿着阴极界面扩展[76]。

7.4.2　对力学性能的影响

焊点中界面 IMC 的厚度及形态直接影响焊点的机械性能及电气性能。电载荷作用下,焊点阴极界面 IMC 分解,阳极界面 IMC 大量形成,且界面 IMC 的微观形貌会发生变化。因此,电迁移会引起焊点力学性能的改变。Yang[77] 采用纳米压痕技术研究了电迁移($j=2\times10^4\,\mathrm{A/cm^2}$,$T=125\,^\circ\mathrm{C}$)对 Sn—3.5Ag—Cu 焊点机械性能的影响,研究表明,与试验前相比,电迁移测试后焊点的力学性能下降。Nah 等人[78] 研究了电迁移对焊点剪切性能的影响,研究表明,加载电流后,焊点的剪切断裂位置由体钎料内部转向阴极 IMC/体钎料界面处。在拉伸测试中,电迁移后焊点的拉伸断裂位置同样由体钎料内部转向阴极界面处,如图 7.15所示,这主要是由于电迁移过程中界面处空洞的形成及应力的累计,因此断裂位置从体钎料转向焊点界面处。

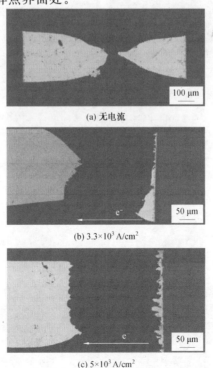

图 7.15　Cu/Sn—3.8Ag—0.7Cu/Cu 焊点拉伸测试 SEM 图片[79]

姚建等人[80]研究了电迁移过程中界面化合物变化对焊点抗拉强度的影响，试验结果表明，电迁移和老化都会导致焊点的拉伸强度下降，随着电流加载时间的延长，微焊点的断裂模式由弹性断裂转变为脆性断裂，断裂位置由不加载时的焊点中心断裂向阴极界面处转移，与老化相比，电迁移对拉伸强度的影响较大。尹立孟等人[81]研究了电迁移对焊点蠕变性能的影响，结果表明，电迁移使焊点的蠕变寿命明显缩短，长时间加载后，焊点蠕变断裂的机制从塑性断裂变为脆性断裂。本书课题组采用纳米压痕的方法对焊点电迁移前后硬度变化进行研究[82]，结果表明，电迁移后焊点阴极硬度下降，阳极硬度提高，电迁移后焊点内硬度分布如图 7.16 所示。

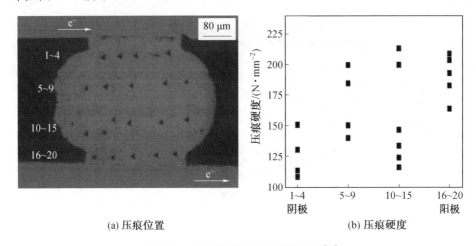

(a) 压痕位置　　　　　　　　　　　　(b) 压痕硬度

图 7.16　电迁移后焊点内硬度分布[82]

7.5　目前研究存在的问题

近年来随着电子产品的小型化及高性能化，电子元器件焊点内部的电流密度急剧增加。在小体积大电流的情况下，电迁移成为微电子行业进一步发展的瓶颈。有关焊点电迁移问题引起了国内外的广泛关注。目前，有关微焊点电迁移的研究成果很多，主要集中在界面 IMC 的生长演变、焊点的加载条件、UBM 层成分、UBM 层厚度、钎料成分、焊点结构形式等对电迁移的影响。然而，目前对电迁移的认识还不是很深入，许多问题有待进一步研究。

（1）关于电迁移过程中界面 IMC 生长行为的研究成果较多，但各研究组之间观点不一，有待进一步研究。

（2）目前电迁移试验周期普遍较长（几百至上千小时），因此找到一种快速有效的电迁移测试方法是极其必要的。

（3）电迁移过程中界面 IMC 厚度及焊盘的消耗研究成果较多，然而有关温度及电流密度对 IMC 生长及焊盘消耗的影响规律还不是很清楚。总结试验数据，建立有关温度、电流密度与界面 IMC 厚度及焊盘消耗的本构模型具有实际意义。

（4）焊点几何尺寸对电－热耦合过程界面元素扩散的影响机制的研究鲜有报道。

（5）微量元素对 SnAgCu 系低银钎料电迁移性能的影响的研究，除本课题组外少有报道。

（6）目前有关电迁移研究主要集中在单场（电场）或两场（电－热、力－电）耦合条件，关于多场（三场及以上）耦合服役条件下焊点的电迁移性能的研究很少，有待进一步开展。

第8章 钎焊材料及 PCB 板设计

8.1 试验材料

本书所用的钎料合金为市场上广泛应用的高银 Sn－3Ag－0.5Cu (SAC305)钎料及本书课题组自主研发的低银 Sn－0.7Ag－0.5Cu－3.5Bi－0.05Ni(SAC0705－Bi－Ni)钎料。为了获得钎料中微量元素 Ag、Bi、Ni 对电迁移性能的影响,采用 Sn－0.7Ag－0.5Cu (SAC0705)作为对比钎料。由于 SAC305 钎料已经市场化,因此所需的钎料球可以在市场上买到,但本书课题组自己研发的钎料需要自己熔炼并制成锡球。

钎料合金的制备:熔炼时采用纯度为 99.99％的高纯金属,根据试验所需钎料量,按照钎料中合金元素质量分数,用电子天平称量固定质量,置于石英管中。采用高频感应加热的方式对金属进行加热熔化,为了防止加热过程中金属氧化烧损,则用高纯氩气进行保护。为了使钎料合金成分均匀,减少成分偏析,对熔炼好的钎料合金进行 5 次重熔。熔炼好的钎料在冷却时需要一直采用氩气保护,直至钎料块温度接近室温。对熔炼好的钎料块表面用砂纸进行打磨,去除表面少量烧损物。

制取钎料球的步骤如下。

(1)采用轧制设备将钎料块轧制成厚度约为 0.5 mm 的钎料片,之后用剪刀将钎料片剪成一定大小的钎料屑。

(2)采用锡锅将钎料屑熔成钎料球,为了保证熔化过程中不被氧化,采用丙三醇进行保护。在平底锡锅中倒入适量丙三醇,将剪好的钎料屑放入丙三醇中,用镊子搅拌,使其分散地沉入锡锅底部。

(3)调节锡锅温度,使其加热温度为 250～300 ℃,为了减少加热过程中的热量损失,可以在锡锅上盖上铁片。等待钎料都熔成小球后,关闭电源,掀开盖子,进行冷却。待钎料球完全冷却后,将钎料球倒入酒精中用超声清洗。注意熔球过程要保证锡锅平稳,防止锡锅中的丙三醇流动,使钎料球融合。

(4)采用数显卡尺与 500× 的光学显微镜结合的方式对熔好的钎料球进行挑选,挑选直径为 400 μm 的钎料球备用。

8.2　PCB 板的设计

目前工业上电子封装中常用的焊点结构如图 8.1 所示。上层是芯片与 BGA 基板的一级封装结构,下层是 BGA 基板和线路板的二级封装结构。从图中可以发现,一级封装所用的倒装焊点尺寸比二级封装的 BGA 焊点尺寸小近一个数量级。本试验的主要研究对象为一级封装中的 BGA 焊点。

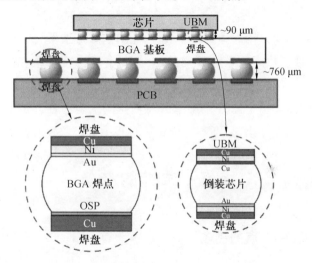

图 8.1　电子封装中倒装焊点和 BGA 焊点示意图[83]

集成电路中,芯片一般为硅半导体材料,基板材料一般为单层或多层覆铜板。芯片与基板通过微焊点进行连接。根据试验需要,本试验中自主设计了试验用板。试验芯片与基板都采用 FR-4 材料的双层覆铜板。线路板上焊盘及引线分布情况如图 8.2 所示。试验基板尺寸为 14 mm×30 mm,试验芯片尺寸为 10 mm×12 mm,试验板厚度为 1 mm,Cu 焊盘直径为 310 μm,为了防止焊盘氧化,焊盘表面采用 OSP 处理,Cu 引线宽度为 2 mm,Cu 厚为 70 μm。采用此试验板有如下优点。

(1)互连引线上焊点进行电迁移试验的同时和中间两排焊点可进行热时效试验,节省试验时间的同时更好地保证了两种试验焊点温度的一致,使热时效试验结果与电—热耦合时效结果更具对比性。

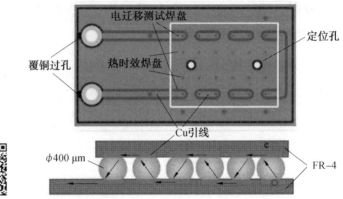

图 8.2　基板线路图及电流流通示意图

(2)基板和芯片采用同种材料,可以避免由于焊点上下材料不同而导致的焊点上下散热系数及热膨胀系数的差异,更有利于试验后对焊点的电迁移性能进行分析。

(3)设计时预留了定位孔,保证了焊接时上下的对中性。在试验基板线路两侧及 Cu 引线上预留了测温焊盘,方便试验过程中对试验板的温度采集。

8.3　试样的准备

8.3.1　线性焊点的制备

试验过程中采用的 Cu/SAC305/Cu 对接焊点如图 8.3 所示,母材采用直径为 310 μm 的紫铜漆包线,焊接前对端面打磨抛光并进行超声清洗。用自制的铝 V 形槽夹具将铜丝及一定厚度的钎料片进行定位,采用高温胶布固定并焊接。焊后将铜丝放在光学显微镜下进行挑选,选出铜丝对中性良好且钎料填充完整的作为电迁移所用试样。本书选用了 4 种不同的钎料层厚度(45 μm、60 μm、120 μm 和 240 μm)的线性焊点作为研究对象。线性焊点的钎料层厚度通过焊接时钎料片的厚度来初步控制。

线性焊点采用 ZM-R5860C BGA 返修台进行焊接,整个焊接过程约 320 s,峰值温度为 265 ℃,高温保温时间为 20 s,线性焊点的焊接设备及温度曲线如图 8.4 所示。

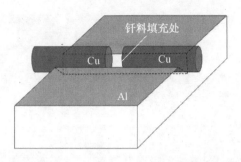

图 8.3　Cu/SAC305/Cu 对接焊点

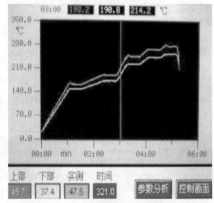

(a) ZM-R5860C BGA 返修台　　　　　　　　　(b) 温度曲线

图 8.4　线性焊点的焊接设备及温度曲线

8.3.2　BGA 焊点的制备

BGA 焊点的制作需要经过两次回流焊,第一次回流焊将焊球与模拟芯片进行连接,第二次回流焊将模拟基板与模拟芯片进行连接。值得注意的是,焊接前要对试验板用酒精进行超声清洗,清除表面的油污及灰尘。回流后同样要用酒精进行超声清洗,去除残留的助焊剂。回流焊后的试验板及 BGA 焊点截面形貌如图 8.5 所示。焊后采用万用表对其进行电性能测试,检查其是否导通,对导通试样进行标记备用。

倒装焊点的焊接采用 T340C 四温区热风回流焊炉进行焊接,回流焊的峰值温度为 265 ℃,焊接时间为 550 s,高温停留时间为 35 s 左右,BGA 焊点的焊接设备及回流焊曲线如图 8.6 所示。

(a) 回流焊后的试验板

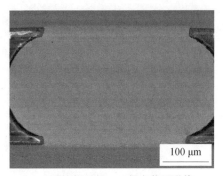

(b) 回流焊后的BGA焊点截面形貌

图 8.5   Cu/SAC305/Cu BGA 焊点

(a) 四温区热风回流焊炉

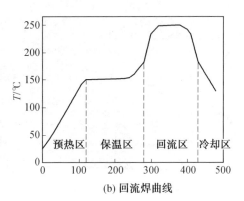

(b) 回流焊曲线

图 8.6   BGA 焊点的焊接设备及回流焊曲线

8.3.3   不同高度焊点的制备

为了获得焊点体积相同时焊点高度对电迁移性能的影响规律,因此需要制备不同高度的焊点。不同高度焊点的制作过程如图 8.7 所示。芯片与基板上均有 4 排可焊的焊盘,首先在芯片与基板左右两边最外侧的焊盘植上直径为 350 μm 的钎料球,并在基板中间两排焊盘添加起支撑作用的焊球,然后进行一次回流焊。焊后对芯片和基板进行清洗,对中后采用一定直径的 Cu 引线通过定位孔进行固定,获得一定焊点高度,进行二次回流焊。由于添加的起支撑作用的焊球直径不同,因此回流焊后可获得 H300、H420、H520 三种高度的试样。

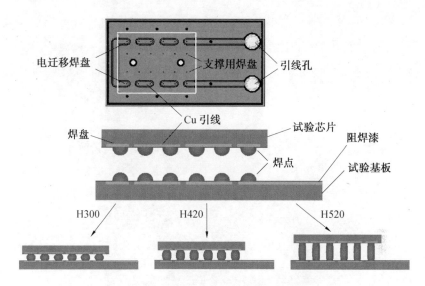

图 8.7　不同高度的 Cu/SAC305/Cu 试样

8.4　电迁移试验

8.4.1　线性焊点电迁移试验

连接好的试样及试验过程如图 8.8 所示。为了排除焊接缺陷等对试验过程产生的影响,获得准确的试验结果,试验过程中每个试验条件至少选用 12 个线性试样。将挑选好的线性试样端部进行脱漆处理,用钎料以 V 字形将试样串联连接。与电源接通好后放入真空干燥箱中(只用来提供高温环境并未抽真空),用直径为 0.3 mm 的 Cu 引线作为导线将试样与电源进行连接,根据试验需设定炉内温度,接通电源进行电迁移试验。为了保证试验过程中温度稳定,采用 NI Compact DAQ 平台结合 NI-9213 温度模块搭建虚拟测试系统,实时对试验环境及试样温度信号进行监测。采集温度所用的 K 型热电偶采用熔盐法对其标定,当温度在 −50∼480 ℃范围内时,其测温精度为 ±0.2 ℃。

线性试样电迁移加载条件见表 8.1。

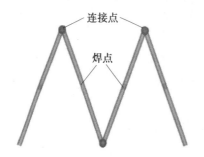

(a) 线性试样示意图

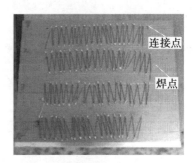

(b) 线性试样实物图

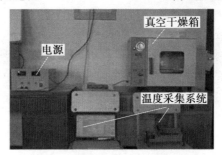

(c) 试验现场及温度监测

图 8.8　线性试样固－固电迁移试验

表 8.1　线性试样电迁移加载条件

钎料成分	钎料层厚度/μm	温度/℃	电流密度/(A·cm^{-2})	加载时间/h
SAC305	45	184±2	0.76×10^4	0、12、25、50
	60、120、240	160±2	0.76×10^4	0、25、50、100、200

8.4.2　BGA 焊点的电迁移试验

本书中 BGA 焊点的电迁移试验主要分为两部分：焊点温度在钎料熔点以下（100～180 ℃）的固－固电迁移试验及焊点温度在钎料熔点以上（230～250 ℃）的固－液电迁移试验。

对回流焊后的试验板进行串联连接。由于焦耳热的影响，串联连接的试验板数会对试验过程中试样温度产生一定影响。因此对于要对比分析的试验，每次试验时串联的试验板数应保持一致。为了保证试验结果的准确性，每个试验条件选用两块试验板（共 24 个电迁移焊点）。试验过程中同样要对试样温度进行监测。

连接好的试样板及试验过程如图 8.9 所示。对于钎料为液态时的电迁移试验,试验过程中,基板和芯片的连接不是很稳定,如果试验板稍有倾斜,就会使芯片和基板脱离,导致电路断开,试验终止,因此,为了保证试验的顺利进行,每次只串联两块试验板进行试验。

BGA 焊点的试验条件见表 8.2。

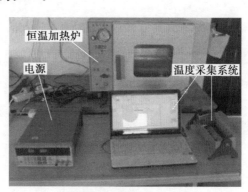

(a) 串联后的试样板　　　　(b) 液态试验现场及温度监测

图 8.9　固—液电迁移试验

表 8.2　BGA 焊点的试验条件

焊点成分	焊点尺寸/μm	温度/℃	电流密度/(A·cm^{-2})	加载时间
SAC305	ϕ350、ϕ450	100±2	0.76×10^4	0、25、50、100、200 h
		160±2		
	ϕ400	100±2	0.76×10^4	0、25、50、100、200 h
		140±2		
		160±2		
		180±2		
		250±2		
		180±2	0.3×10^4	0、25、50、100、200 h
			0.5×10^4	
	H320	230±2	0.5×10^4	0、5、10、20、25 min
	H420			
	H520			
SAC305 SAC0705 SAC0705—Bi—Ni	ϕ400	230±2	0.5×10^4	0、5、10、20、25 min

8.5　热时效试验

对于 BGA 焊点,试验板已经预先设计热时效所用焊盘,因此在进行电迁移试验的同时,没有线路的两排焊点可同时进行热时效,由于热时效焊点的试验板外侧两排焊点中有电流流过,因此热时效时焊点的温度与电迁移过程焊点的温度非常接近。

对于线性焊点,电迁移试验与热时效试验分开进行。热时效过程中,真空干燥箱内的温度用温度采集系统标定。标定温度与电迁移过程中温度采集系统采集到的焊点附近温度相同。

8.5.1　焊点微观形貌分析

试验后对试样镶嵌、打磨、抛光,进行微观组织分析。打磨时所用砂纸目数按照顺序依次为:80、800、1 000、1 500、2 000、2 500,邻近焊点最大截面时,应注意观察,防止磨过。磨到焊点最大截面时,采用颗粒度为 0.5 μm 的金刚石抛光剂进行抛光。

为了能够清楚地观察到界面 IMC 的变化情况,采用腐蚀溶液(5％HCl＋95％CH$_3$CH$_2$OH)对抛光后的焊点进行轻腐蚀。腐蚀后采用蒸馏水彻底清洗,并用吹风机吹干。借助 Olympus 多功能光学金相显微镜对试验后焊点的微观组织进行观察。

为了获得试验过程中界面 IMC 的生长演变行为,本书采用深腐蚀观察界面IMC 的 3D 形貌,腐蚀溶液采用一定比例的(HNO$_3$、HF、水)溶液。腐蚀过程中钎料优先与腐蚀溶液反应,适当时间后取出试样,用超声清洗,去除表面残留的酸及腐蚀产物。将腐蚀后的试样用导电胶粘在扫描电镜载物台上,将载物台倾斜 30°对界面 IMC 进行观察,获得的焊点形貌如图 8.10 所示。

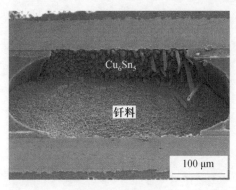

图 8.10　深腐蚀后的焊点及界面 IMC 形貌

8.5.2　界面 IMC 厚度及 Cu 盘消耗测量

采用 AutoCAD 软件对焊点界面 IMC 厚度及 Cu 盘消耗进行测量。为了保证测量结果的准确性,且同一试验条件,选取焊点个数至少为八个有效焊点。对同一焊点界面采取选取三个位置(界面两侧边缘、界面中心位置)进行测量,测量后将三个数据取平均值获得 IMC 层厚度和 Cu 焊盘消耗厚度。

8.6　本章小结

本章主要介绍了试验过程使用的线性试样、BGA 焊点试样的制作过程,试验方法及试验条件,并对试验后的采用的分析方法手段进行了简要介绍。

第9章 电－热耦合作用下界面反应及 IMC 层生长演变

　　焊接过程中在焊点和 UBM 层之间形成一层均匀连续的 IMC 层是形成良好冶金结合的标志,然而由于界面化合物为硬脆相并且容易形成结构缺陷,因此过厚的界面化合物层会使焊点的可靠性下降。电迁移过程中金属原子从阴极到阳极定向移动导致焊点两极界面 IMC 层厚度及形态变化,严重影响了焊点的可靠性。因此,研究电迁移过程中两极界面 IMC 层厚度及形态变化是极其必要的。

　　本章主要研究了电－热耦合作用下,固－固扩散及固－液扩散过程中,焊点两极界面 IMC 层厚度的变化规律,分析了电迁移过程中元素扩散规律,获得了焊点两极界面 IMC 形貌的演变过程。同时调查了电－热耦合作用下,焊点温度、通过焊点的电流密度、回流焊后晶粒尺寸等对两极界面 IMC 层 3D 形貌的影响规律。

9.1 电－热耦合作用下界面元素扩散

　　电－热耦合作用下,Cu 及 Sn 元素的扩散迁移是导致界面 IMC 层厚度及形态变化的根本原因。界面 IMC 层的生长主要包括两部分:一部分为 Sn 元素穿过 IMC 层扩散到 IMC/Cu 界面与 Cu 结合形成 Cu_6Sn_5,这将导致 IMC 层向基板侧生长;另一部分为 Cu 元素扩散到 IMC/钎料界面与 Sn 结合形成 Cu_6Sn_5,这导致 IMC 层向钎料侧生长。电－热耦合作用下,浓度梯度及电子风力是元素扩散的主要驱动力。浓度梯度引起的元素迁移促进 IMC 形成,使两极 IMC 层厚度增加。电子风力的作用使阴极界面 IMC 层分解,并促进阳极界面 IMC 层形成及长大,同时温度载荷的作用加速了元素的迁移。

　　电－热耦合作用下,电子风力及浓度梯度引起的元素通量共同决定了 IMC 层厚度变化情况。电子风力及浓度梯度引起的元素通量分别表示为 J_{EM} 和 J_{CM}。在 J_{EM} 和 J_{CM} 的作用下,电迁移过程中元素扩散模型如图 9.1 所示,从图中可以看出,焊点两极 Cu 元素向体钎料内部的扩散通量及 Sn 元素向焊盘侧的扩散通

量可以表示为

$$J_{\text{阴极}}^{\text{Cu}} = J_{\text{CM}}^{\text{Cu}} + J_{\text{EM}}^{\text{Cu}} \tag{9.1}$$

$$J_{\text{阴极}}^{\text{Sn}} = J_{\text{CM}}^{\text{Sn}} + J_{\text{EM}}^{\text{Sn}} \tag{9.2}$$

$$J_{\text{阳极}}^{\text{Cu}} = J_{\text{CM}}^{\text{Cu}} - J_{\text{EM}}^{\text{Cu}} \tag{9.3}$$

$$J_{\text{阳极}}^{\text{Sn}} = J_{\text{CM}}^{\text{Sn}} + J_{\text{EM}}^{\text{Sn}} \tag{9.4}$$

其中

$$J_{\text{EM}} = C \frac{D}{kT} Z^* e\rho j \tag{9.5}$$

$$J_{\text{CM}} = D \frac{\mathrm{d}c}{\mathrm{d}x} \tag{9.6}$$

式中　C——原子浓度；

D——扩散系数；

k——玻耳兹曼常数；

T——绝对温度；

Z^*——有效电荷数；

e——电子电量；

ρ——电阻率；

j——电流密度；

$\mathrm{d}c/\mathrm{d}x$——浓度梯度。

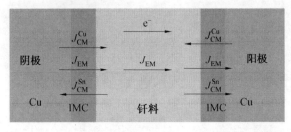

图 9.1　电迁移过程中元素扩散模型

9.2　电—热耦合作用下界面 IMC 层的生长演变

9.2.1　固—固扩散界面 IMC 层厚度变化

图 9.2(a)～(h)为钎料层厚度为 45 μm 的 Cu/SAC305/Cu 线性焊点,在电

流密度 $j = 0.76 \times 10^4 \mathrm{A/cm^2}$，温度 $T = (184 \pm 2)$℃ 的试验条件下，加载 0 h、12 h、25 h、50 h 后阴极和阳极界面 IMC 层微观形貌。从图中可以观察到，与焊后相比，阴极 IMC 层形貌变化显著，阳极 IMC 层厚度变化明显。试验初始阶段两极 IMC 层均呈扇贝状；在阴极一侧，加载 12 h 后 IMC 层扇贝状消失表面变得平滑，25 h 后 IMC 层表面出现细小分离状态的 Cu_6Sn_5 颗粒，Cu 焊盘表面凹凸不平，50 h 后 IMC 层变得不连续，Cu 焊盘消耗严重，焊盘表面出现锯齿状沟槽。而在阳极一侧，在加载 50 h 后 IMC 层厚度显著增加，但 IMC 层表面平滑且 Cu 焊盘表面平整未受到侵蚀。

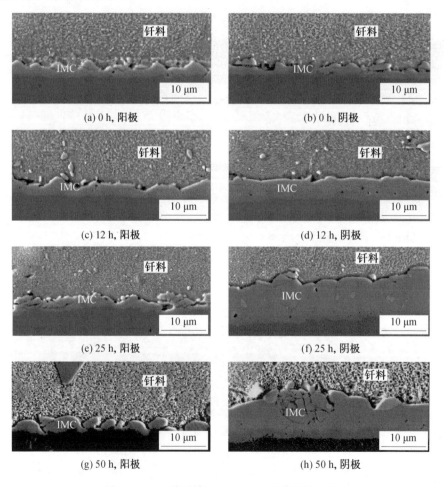

图 9.2　电迁移时效后界面 IMC 层的微观形貌

图 9.3 为试验过程中两极 IMC 层厚度随加载时间的变化曲线。从图中可以观察到，试验过程中两极 IMC 层厚度相差越来越大，IMC 层的生长存在明显的

极性效应。阴极侧，IMC 层的生长随时间呈现先增厚后减薄的变化特征。0～12 h 内 IMC 层的厚度由 2.67 μm 增大到 3.22 μm，12 h 后 IMC 层厚度减薄，加载 50 h 后 IMC 层厚度减薄到 2.61 μm。而阳极侧，IMC 层厚度的变化与加载时间呈抛物线规律。加载过程中，阳极 IMC 层的厚度一直增厚，加载 50 h 后 IMC 层厚度达到 10.90 μm。Gan 等人[66]研究了 Cu/Sn－3.8Ag－0.7Cu/Cu 在不同电流密度及温度载荷下界面 IMC 层厚度的变化规律，结果表明，阴极及阳极 IMC 层厚度的变化与加载时间呈抛物线关系。而 Chao 等人[84-85]获得了电迁移驱动力主导元素扩散时界面 IMC 层与时间呈线性生长的动力学模型。然而，本试验中阳极 IMC 层厚度与加载时间呈抛物线规律，阴极 IMC 层厚度随着加载时间的延长呈现先增厚后减薄的规律。

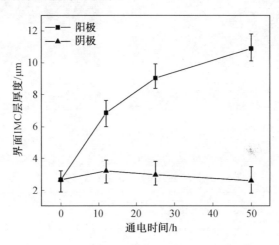

图 9.3　电迁移后阴阳极 IMC 层厚度变化曲线

9.2.2　电—热耦合作用下焊点内元素浓度变化

根据前文的分析可知，在不受焊点几何尺寸影响的前提下，电—热耦合时效过程中，焊点内元素浓度直接影响焊点内元素的 J_{EM} 和 J_{CM}，最终影响焊点内界面 IMC 层的生长。为了获得电—热耦合作用下，焊点内元素浓度随加载时间的变化情况，将焊点分为阴极 IMC/Cu 界面区、阴极 IMC、钎料、阳极 IMC、阳极 IMC/Cu 界面区五个区域，分别对应图 9.4 中 I$_\text{阴}$、II$_\text{阴}$、III、II$_\text{阳}$、I$_\text{阳}$ 五个区域。电迁移试验后，对阴极（AB）区域及阳极（A$_1$B$_1$）区域进行 EDX 分析，得到焊点界面近区及体钎料内部 Sn、Ag、Cu 三种元素的浓度。焊点内参加界面反应的元素主要为 Cu 和 Sn 元素，Ag 元素并不参加界面反应。表 9.1 为五个区域内 Cu 和

Sn 元素浓度变化。从表中可以看出,Cu 元素的浓度变化与 Sn 元素的浓度变化趋势相反。图 9.5 为表 9.1 中 Cu 元素及 Sn 元素浓度分布。对比 Ⅰ、Ⅱ 区域 Cu、Sn 元素的浓度可以发现,阴极处 Cu 元素浓度高于阳极($Ⅰ_{阴 Cu} > Ⅰ_{阳 Cu}$,$Ⅱ_{阴 Cu} > Ⅱ_{阳 Cu}$),而 Sn 元素浓度低于阳极($Ⅰ_{阴 Sn} < Ⅰ_{阳 Sn}$,$Ⅱ_{阴 Sn} < Ⅱ_{阳 Sn}$),这种变化与式(9.1)~(9.4)相符。

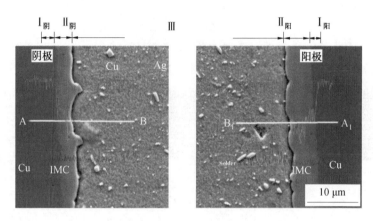

图 9.4　线扫描能谱分析

表 9.1　电迁移过程中 Cu、Sn 元素浓度变化

位置		Cu 元素浓度/%				Sn 元素浓度/%			
		0 h	12 h	25 h	50 h	0 h	12 h	25 h	50 h
阴极	Ⅰ阴	97.80	93.10	93.04	91.46	1.19	4.55	4.86	5.50
	Ⅱ阴	47.64	45.07	46.41	47.11	50.36	52.26	50.53	50.14
体钎料	Ⅲ	3.04	6.02	6.03	6.04	94.56	91.52	91.73	91.56
阳极	Ⅱ阳	47.64	39.70	44.04	40.64	50.36	56.62	53.17	56.34
	Ⅰ阳	97.83	90.01	90.12	91.54	1.19	6.97	6.66	5.85

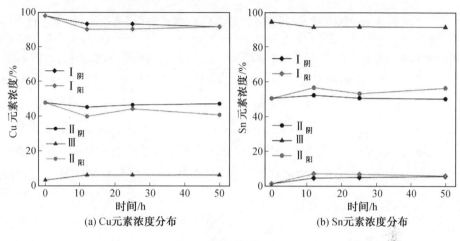

图 9.5　焊点内部 Cu、Sn 元素浓度分布

9.2.3　界面 IMC 生长动力学分析

试验初始阶段(0~12 h),浓度梯度较大($J_{CM} \gg J_{EM}$),在浓度梯度的作用下,大量 Sn 元素从体钎料内部快速扩散进入 IMC 层及 IMC/Cu 界面区,Cu 元素从焊盘扩散进入 IMC 层及体钎料内部,因此短时间内使Ⅰ阴区域 Sn 元素的浓度从 1.19 提高到 4.55,Ⅱ阴区域 Sn 元素的浓度从 50.36 提高到 52.26,Ⅲ区域 Cu 元素的浓度由 3.04 增大到 6.02。Ⅰ阳区域内 Sn 元素的浓度由 1.19 增大到 6.97,Ⅱ阳区域内 Sn 元素的浓度由 50.36 增大到 56.62。为了降低体系自由能,Cu/IMC 及 IMC/钎料界面处 Sn 元素与 Cu 元素结合形成 Cu_6Sn_5,因此 0~12 h 内,较大浓度梯度的作用使两极 IMC 层厚度增厚。

随着加载时间的延长(12 h 后),焊点界面区元素浓度梯度相对减小,浓度梯度引起的元素扩散速率变小,导致焊点界面区域元素浓度变化缓慢,因此界面 IMC 层的形成及长大速率变慢。与此同时,由于Ⅰ、Ⅱ区域 Sn 元素浓度及体钎料内部 Cu 元素浓度增大,根据式(9.5)可知,元素浓度增大会导致电迁移通量增大。因此,与 0~12 h 相比,12 h 后 Cu 及 Sn 的电迁移通量变大,因此阴极 IMC 层的分解速度加快,IMC 层厚度逐渐减小,阳极 IMC 层生长。但阳极一侧 IMC 层厚度的增加及界面区元素浓度梯度的减小,使 Cu 及 Sn 元素扩散到 IMC/钎料及 IMC/Cu 界面的速度变慢,导致阳极 IMC 层生长速率变慢。因此加载一段时间后,浓度梯度作用的减弱及电迁移通量的增加使阴极 IMC 层厚度减小,阳极 IMC 层厚度增厚但其生长速率变慢,呈现抛物线趋势。

9.2.4 固-固扩散界面 IMC 层 3D 形貌变化

图 9.6 为电-热耦合时效后界面 IMC 层的深腐蚀形貌,从图中可以看出,阳极及阴极 IMC 层的形貌存在明显不同,阳极 IMC 层呈多边形状且颗粒较大,而阴极 IMC 层形貌不规则且颗粒较小。试验初始阶段(0～12 h),焊点各部分之间浓度差距较大,在浓度梯度作用下,Cu 元素及 Sn 元素迁移较快,有利于界面 IMC 层的形成,促进两极 IMC 层厚度增加。扩散到一定程度后(12 h 后),界面近区浓度梯度减小,电子风力的作用增强,使阴极 IMC 层分解厚度减小。而阳极处,在电子风力和浓度梯度的作用都有利于 IMC 的形成,因此阳极 IMC 层厚度不断增加且厚度大于阴极。此外,由于晶界处原子排列疏松,在电子风力的作用下,阴极 IMC 层晶界处优先分解,多边形晶粒转变为无规则形。因此加载 12 h 后,IMC 层表面出现细小分离状态的 Cu_6Sn_5 颗粒,加载 50 h 后,晶界处部分 IMC 颗粒几乎被完全消耗,导致 IMC 层变成不连续的锯齿状,如图 9.2(e)、(g) 所示。

(a) 阳极   (b) 阴极

图 9.6　电迁移作用下界面 IMC 层立体形貌

9.2.5 固-液扩散界面 IMC 层厚度变化

第一次回流焊后(钎料球焊接在试验板上),将试验芯片与基板进行对中,将对中好的试验板放在回流焊炉中同时施加电载荷,进行第二次回流焊。回流焊过程中,当钎料为液态时,电流将通过焊点,采用 NI Compact DAQ 平台结合 NI-9213 温度模块搭建虚拟测试系统,实时对试验板温度进行采集,当试验板温度低于 220 ℃时停止通电。运行速度慢,炉中停留时间长。在电载荷作用下,固—液扩散与固—固扩散的区别为:回流焊过程中的固—液扩散时,钎料处于熔化状态,电流作用下焊点内元素迁移较快,可以在几分钟的时间内发生明显的电迁移现象,且芯片侧没有初始 IMC 层,界面 IMC 层完全是在电流和温度两场作用下形成的。回流焊过程中,履带速度分别为 F8、F4、F3、F2,通过温度采集系统获得履带速度分别为 F8、F4、F3、F2 时,焊点的保持液态时间分别为 4 min、10 min、20 min、25 min,加载电流密度为 $0.5 \times 10^4 \, \text{A/cm}^2$,不同液态通电时间后焊点的微观形貌如图 9.7 所示。图中箭头表示电子流动方向,从图中可以看出,在短短几分钟内焊点发生了明显的电迁移现象,阴极和阳极界面 IMC 层的生长存在明显的极性效应。

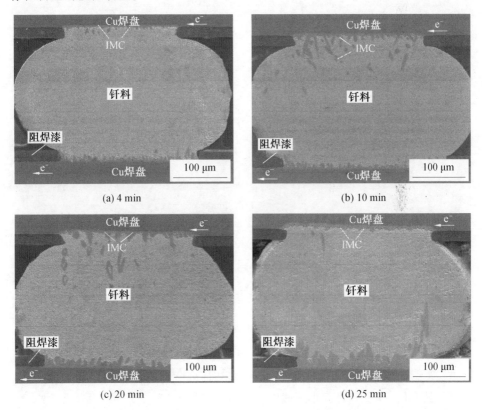

(a) 4 min　　　　　　　　　　(b) 10 min

(c) 20 min　　　　　　　　　　(d) 25 min

图 9.7　电载荷作用下固—液扩散焊点的微观形貌($j = 0.5 \times 10^4 \, \text{A/cm}^2$)

　　图 9.8 为电载荷作用下固—液扩散中两极界面化合物生长的规律。从图中可以看出,随着加载时间的延长,两极界面 IMC 层厚度均有所增加。相同加载时间后,阳极界面 IMC 层厚度总是比阴极厚[86-89]。当加载时间从 4 min 延长到 25 min,阳极界面 IMC 层厚度从 7.86 μm 增长到 22.20 μm,增加量为 14.34 μm。

而阴极侧,界面 IMC 层厚度从 2.71 μm 增加到 6.71 μm,增加量仅为 4.00 μm。这主要是由于电流作用下,Cu 原子从阴极到阳极定向移动,促进了阳极 IMC 层形成,抑制了阴极 IMC 层的形成,最终导致阳极界面 IMC 层厚度大于阴极。值得注意的是,当加载时间为 10 min 时(图 9.7(b)),阴极界面近区有大量游离状态的 IMC 存在,加载时间为 20 min 时(图 9.7(c)),游离化合物的量有所减少,当加载时间为 25 min 时(图 9.7(d)),游离的化合物几乎完全消失。因此,从阴极界面 IMC 的总量来看,阴极界面 IMC 量先增大后减小,与电载荷作用下固—固扩散具有相同的变化规律。

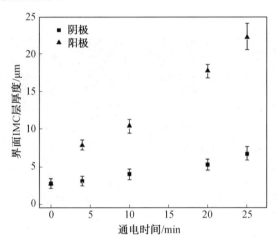

图 9.8   电载荷作用下固—液扩散中界面 IMC 层厚度变化($j=0.5\times10^4$ A/cm^2)

9.2.6   固—液扩散界面 IMC 层的生长模型

图 9.9 为回流焊后界面 IMC 层的 3D 形貌,图 9.10 为焊点液态通电 4 min 和 25 min 后 IMC 层的 3D 形貌,采用深腐蚀技术获得的界面 IMC 层的 3D 形貌。回流焊后界面 IMC 层形貌一致,均呈鹅卵石状,IMC 晶粒的平均尺寸约为 3 μm。液态通电 4 min 后(图 9.10(a)),阴极界面 IMC 表现出了两种不同形貌:一部分晶粒尺寸较小,呈细小的鹅卵石状;而一部分晶粒呈细长棒状。两种晶粒类型的晶粒直径约为 3 μm。阳极侧,晶粒呈不规则的多面体状,平均晶粒尺寸约为 6 μm。通电时间为 25 min 时(图 9.10(b)),两极相邻的晶粒都出现合并现象。阴极侧,细长棒状的晶粒消失,合并后晶粒呈不规则扁平状,晶粒尺寸约为 7 μm。阳极侧,Cu/IMC 界面处,Cu$_6$Sn$_5$ 晶粒合并到一起形成了一层厚度约为 10 μm 的 Cu$_6$Sn$_5$ 层,在层状 IMC 上生长存在着很多形状不规则的多边形状的

Cu_6Sn_5 晶粒。因此,在电载荷作用下,焊点阴极侧 Cu_6Sn_5 晶粒的轴向尺寸先增大后减小,Cu_6Sn_5 晶粒的径向尺寸一直增大;焊点阳极侧 Cu_6Sn_5 晶粒不论在轴向还是在径向尺寸都增大。

图 9.9　回流焊后界面 IMC 层的 3D 形貌

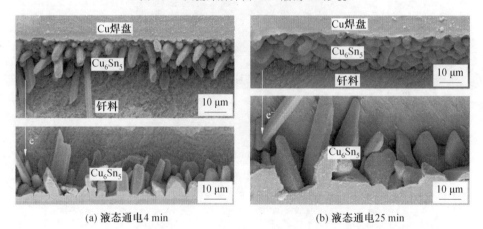

(a) 液态通电 4 min　　　　　　　(b) 液态通电 25 min

图 9.10　电载荷作用下固—液扩散中焊点界面 IMC 层的 3D 形貌

9.3　加载条件对界面 IMC 层生长演变的影响

9.3.1　焊点温度对界面 IMC 层的生长与演变的影响

电迁移测试过程中,焊点温度是影响电迁移的重要因素,高温会提高原子的迁移速度,加速焊点的电迁移进程。本节主要调查了在电流密度相同时,焊点温度对电迁移的影响。

　　加载过程中,通过焊点的电流密度 $j=0.76\times10^4\,A/cm^2$,焊点温度分别为 100 ℃、160 ℃、250 ℃,对应的加载时间分别为 200 h、200 h、10 min。加载后焊点的微观形貌和两极界面 IMC 层的微观形貌如图 9.11 所示。当电流密度 $j=0.76\times10^4\,A/cm^2$,焊点温度为 100 ℃,加载 200 h 后,焊点的电迁移现象并不明显。阴极侧界面化合物厚度比阳极薄 1 μm 左右,两极界面 IMC 层厚度相差不大,焊点内有极少的 IMC 颗粒出现,如图 9.11(a)所示。深腐蚀后两极 Cu_6Sn_5 形貌存在很大差别,阴极侧,Cu_6Sn_5 晶粒呈细小的不规则形貌,如图 9.11(b)所示;阳极侧,Cu_6Sn_5 晶粒呈颗粒较小的多边形状,如图 9.11(c)所示。当电流密度为 $0.76\times10^4\,A/cm^2$,焊点温度为 160 ℃,加载 200 h 后,焊点发生了明显的电迁移现象,两极界面 IMC 生长存在明显的极性效应,焊点内聚集了大量的

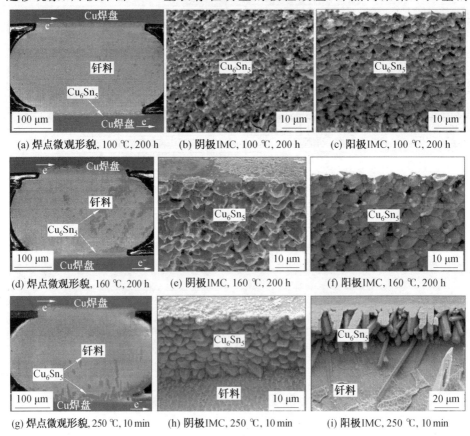

(a) 焊点微观形貌, 100 ℃, 200 h　(b) 阴极IMC, 100 ℃, 200 h　(c) 阳极IMC, 100 ℃, 200 h

(d) 焊点微观形貌, 160 ℃, 200 h　(e) 阴极IMC, 160 ℃, 200 h　(f) 阳极IMC, 160 ℃, 200 h

(g) 焊点微观形貌, 250 ℃, 10 min　(h) 阴极IMC, 250 ℃, 10 min　(i) 阳极IMC, 250 ℃, 10 min

图 9.11　不同温度下 Cu/SAC305/Cu 焊点及界面 IMC 微观形貌($0.76\times10^4\,A/cm^2$)

Cu_6Sn_5 化合物。阴极侧，Cu 焊盘被大量消耗，焊盘呈锯齿状，消耗厚度约为 8.18 μm；阳极侧，界面 IMC 厚度约为 13.54 μm，如图 9.11(d)所示。焊点两极界面 IMC 形貌也存在较大差别，阴极侧，近 Cu 焊盘一侧隐约可见规则的多边形状 Cu_6Sn_5，但表面附着一层不规则的薄膜状 Cu_6Sn_5，如图 9.11(e)所示；阳极侧，Cu_6Sn_5 呈多边形状且颗粒较大，如图 9.11(f)所示。当电流密度为 0.76×10^4 A/cm^2，焊点温度为 250 ℃，仅仅加载 10 min 后，焊点发生了明显的电迁移现象，两极界面 IMC 生长表现出明显的极性效应，如图 9.11(g)所示。阴极 Cu 焊盘受到大量侵蚀，焊盘表面光滑，焊盘的消耗量约为 8 μm，与相同电流密度下，焊点温度为 160 ℃，加载 200 h 后的消耗量相近；阳极侧，化合物大量生长，但其界面形貌呈枝状与固态电迁移时的层状形态有所不同。深腐蚀后，阴极 Cu_6Sn_5 晶粒呈多边形状且表面光滑，如图 9.11(h)所示；阳极 Cu_6Sn_5 晶粒呈柱状生长，如图9.11(i)所示。

纵向对比图 9.11 可以看出，随着焊点温度的升高，焊点的电迁移速度明显加快。焊点温度为 100 ℃时，加载 200 h 后焊点的电迁移现象并不明显，阴极 Cu 焊盘几乎没有消耗。当焊点温度为 160 ℃时，相同的加载时间后，发生了明显的电迁移现象。而当焊点温度为 250 ℃时，仅仅加载 10 min，焊点的阴极 Cu 焊盘的消耗程度与 160 ℃条件下加载 200 h 相当，可见在焊点温度为 250 ℃的条件下，焊点的原子迁移速度相当于 160 ℃的 1 000 倍以上。这主要是由于 250 ℃已经超过钎料的熔点(217 ℃)，试验过程中钎料处于液态，液态钎料中金属原子间的作用力要远小于固态金属，且原子间距离增大，同时，高温的作用加速了原子间的反应，因此，电—热耦合作用下，液态钎料中原子的扩散迁移速度更快，电迁移时效程度更加明显。焊点温度升高时，阴极侧化合物形貌也由不规则变得规则，且表面光滑度提高；对于阳极界面化合物形貌，当温度低于钎料熔点(217 ℃)时，随着温度的升高晶粒尺寸增大；当焊点温度超过钎料熔点时，阳极界面 IMC 晶粒生长模式发生变化，由固—固扩散时的多边形球状晶粒转变为多边形柱状晶粒。

9.3.2　电流密度对固—液扩散的影响

除温度外，电流密度是影响电迁移的另一个重要因素。焊点内电流密度增大不但会引起焊点内焦耳热的增加，使焊点温度升高，导致原子扩散激活能减小，扩散迁移速度增大。而且根据电迁移通量公式可以看出，焊点内电流密度越大，电子风力导致的原子迁移通量越大，单位时间内由阴极向阳极迁移的原子数量越多。因此，电流密度的增加会使焊点的电迁移速度加快。

回流焊过程中，履带速度为 F2，对应的液态通电时间约为 25 min，加载电流密度分别为 0.1×10^4 A/cm^2、0.3×10^4 A/cm^2、0.6×10^4 A/cm^2，通电后焊点的微

观形貌如图 9.12 所示。从图中可以发现,随着电流密度的增加,焊点的电迁移程度明显增大,阴极一侧,Cu 焊盘的消耗量明显增大,且界面 IMC 层厚度有减小趋势。电流密度为 $0.1 \times 10^4 \, \mathrm{A/cm^2}$、$0.3 \times 10^4 \, \mathrm{A/cm^2}$、$0.6 \times 10^4 \, \mathrm{A/cm^2}$ 的焊点对应的阴极 Cu 焊盘消耗量分别为 $5.389 \, \mu\mathrm{m}$、$7.922 \, \mu\mathrm{m}$、$13.534 \, \mu\mathrm{m}$,阳极界面 IMC 层厚度分别为 $6.767 \, \mu\mathrm{m}$、$9.435 \, \mu\mathrm{m}$、$19.542 \, \mu\mathrm{m}$。阳极一侧,界面 IMC 层厚度随电流密度的增加而增大,如图 9.13 所示。

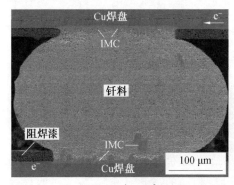

(a) $0.1 \times 10^4 \, \mathrm{A/cm^2}$ (b) $0.3 \times 10^4 \, \mathrm{A/cm^2}$

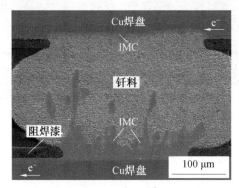

(c) $0.6 \times 10^4 \, \mathrm{A/cm^2}$

图 9.12 不同电流密度下焊点微观形貌($t = 25 \, \mathrm{min}$)

图 9.14(a)、(b)、(c) 为不同电流密度加载后,采用深腐蚀技术去除部分体钎料,将扫描电镜载物台倾斜 30°,获得的界面 IMC 层微观形貌。从图中可以看出以下两点:①在电流密度为 $0.1 \times 10^4 \, \mathrm{A/cm^2}$、$0.3 \times 10^4 \, \mathrm{A/cm^2}$ 的焊点中,电子流入端晶粒尺寸大于阴极界面的平均晶粒尺寸,而 $0.6 \times 10^4 \, \mathrm{A/cm^2}$ 的不是很明显。②相同加载时间后,随着电流密度的增大,焊点阴极界面 IMC 晶粒尺寸呈减小趋势。根据 9.2.2 节的研究结果,电迁移过程中,阴极界面处 $\mathrm{Cu_6Sn_5}$ 晶粒尺寸在轴向先增大后减小。焊点内电流密度不同导致阴极 $\mathrm{Cu_6Sn_5}$ 晶粒处于不同的生长阶段。电流流入或流出焊点时,由于电流方向发生变化,在电流入口及出口

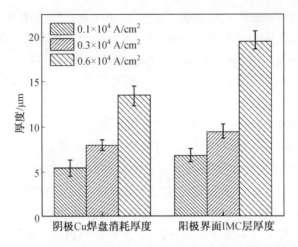

图 9.13　不同电流密度焊点阴极 Cu 焊盘消耗厚度及阳极界面 IMC 层厚度

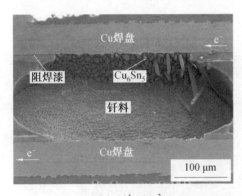

(a) 0.1×10⁴ A/cm²

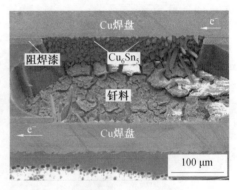

(b) 0.3×10⁴ A/cm²

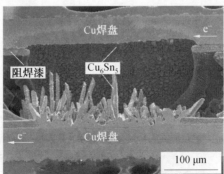

(c) 0.6×10⁴ A/cm²

图 9.14　不同电流密度下阴极界面 IMC 层微观形貌（$t=25$ min）

处会形成电流聚集,因此,在电流流入或流出焊点处,电流密度要高于焊点内平均电流密度。在电流密度为 $0.1 \times 10^4 \mathrm{A/cm^2}$、$0.3 \times 10^4 \mathrm{A/cm^2}$ 的焊点中,Cu_6Sn_5 晶粒处于轴向长大阶段,由于入口处电流密度较大,因此 Cu_6Sn_5 晶粒尺寸也较大。而在电流密度为 $0.6 \times 10^4 \mathrm{A/cm^2}$ 的焊点中,Cu_6Sn_5 晶粒已经经历完晶粒的长大过程,正处于晶粒尺寸减小阶段。

图 9.15 为不同电流密度加载后,焊点阳极界面 IMC 层的微观形貌。从图中可以发现:①随着电流密度的增加,焊点阳极 Cu_6Sn_5 晶粒尺寸增大。②在电子流出焊点处,晶粒尺寸大于阳极界面的平均晶粒尺寸。只要是电子由阴极到阳极的定向运动导致 Cu 原子由阴极向阳极运动,并在阳极界面处聚集,当 Cu 原子与 Sn 原子达到一定原子比例时,就会形成 Cu_6Sn_5 化合物。电流密度越大,Cu原子由阴极到阳极的迁移速度越快,越有利于阳极界面处 Cu_6Sn_5 的形成,因此,电流密度越大,阳极界面处 Cu_6Sn_5 平均晶粒尺寸越大。由于焊点入口及出口处的电流密度大于焊点内平均的电流密度,因此,在电流出口处 Cu_6Sn_5 晶粒尺寸大于阳极界面平均晶粒尺寸。

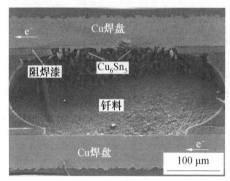

(a) $j=0.1 \times 10^4 \mathrm{A/cm^2}$

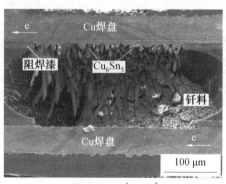

(b) $j=0.3 \times 10^4 \mathrm{A/cm^2}$

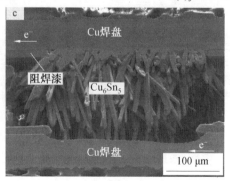

(c) $j=0.6 \times 10^4 \mathrm{A/cm^2}$

图 9.15　不同电流密度下阳极界面 IMC 层微观形貌($t=25$ min)

9.3.3　回流焊后界面 IMC 晶粒尺寸与电迁移行为

电—热耦合作用下,金属原子主要通过晶界扩散及间隙扩散的方式进行,界面处晶粒尺寸大小直接影响晶界数量,进而影响焊点的电迁移时效过程。为了获得界面 IMC 晶粒尺寸对电迁移过程的影响规律,本书采取不同回流焊次数的方法获得不同的晶粒尺寸,对回流焊后的试样进行电—热耦合时效试验,对比不同回流焊次数焊点电—热耦合时效后的微观形貌。图 9.16 为回流焊次数分别为 1 次、3 次、6 次、9 次的焊点经过电—热耦合时效($T=230$ ℃, $j=0.5×10^4$ A/cm², $t=20$ min)后的微观形貌。电—热耦合时效后,阴极 Cu 焊盘受到侵蚀呈锯齿状,随着回流焊次数的增加,锯齿间距有所增加,且回流焊次数不同,阴极 Cu 焊盘消耗量不同,回流焊次数为 1、3、5、9 的焊点对应的阴极 Cu 焊盘的消耗量分别为 9.81 μm、6.80 μm、7.54 μm、9.90 μm,随着回流焊次数的增加,Cu 焊盘的消耗量呈现先减小后增大的变化规律,如图 9.17 所示;电—热耦合时效后,阴极

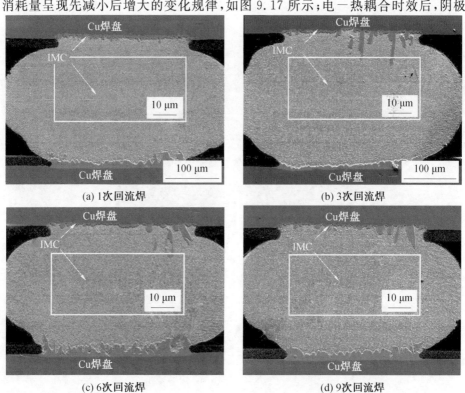

(a) 1次回流焊　　　　　　　　　　(b) 3次回流焊

(c) 6次回流焊　　　　　　　　　　(d) 9次回流焊

图 9.16　回流焊次数与焊点的电迁移行为($T=230$ ℃, $j=0.5×10^4$ A/cm², $t=20$ min)

界面 IMC 分解,随着回流焊次数的增加,界面 IMC 表面平整程度增加,且阴极界面 IMC 层厚度越来越薄。主要是因为回流焊次数增加,界面 IMC 晶粒尺寸增大,晶界处 Cu 原子从焊盘向体钎料迁移速度较快,在 Cu 焊盘上形成锯齿状沟槽,因此,回流焊次数越多,Cu 焊盘的锯齿间距越大。此外,回流焊次数增加,界面 IMC 晶粒尺寸增大会导致 IMC 晶粒内缺陷增多,如图 9.18 所示为大尺寸界面 IMC 内部缺陷,这些缺陷会加速 Cu 原子从焊盘向体钎料内部扩散,电—热耦合作用下,带有缺陷的界面 IMC 晶粒也更容易分解,因此,加载过程中阴极 Cu 焊盘的消耗量随回流焊次数的增加呈现先减小后增大的变化规律,阴极侧界面 IMC 层厚度随回流焊次数的增加呈现减小的趋势。

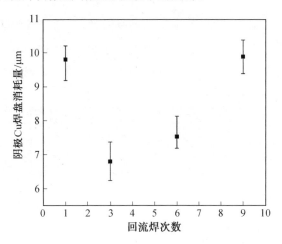

图 9.17 不同回流焊次数焊点阴极 Cu 焊盘消耗量

图 9.18 大尺寸界面 IMC 内部缺陷

9.3.4 Cu 焊盘消耗时间与焊点温度关系

通过 9.3.2 节的分析可知,当电流密度 $j=0.76\times10^4\,\mathrm{A/cm^2}$,焊点温度为 250 ℃时,仅仅加载 10 min 后,阴极 Cu 焊盘为 8 μm,与相同电流密度下,焊点温度为 160 ℃,加载 200 h 后的消耗量相近。可见对电热耦合时效过程中焊盘消耗速度有很重要的影响。

由第 5 章中式(5.1)和式(5.2)计算可获得电流密度为 $0.76\times10^4\,\mathrm{A/cm^2}$,焊点温度为 100 ℃、140 ℃、160 ℃、180 ℃条件下,阴极消耗 8 μm Cu 焊盘所需的加载时间分别为 711 h、330 h、187 h、121 h,焊盘消耗量为 8 μm 所需加载时间见表 9.2。随着焊点温度的升高,消耗时间显著缩短,且固—液扩散过程中(温度超过钎料熔点 217 ℃),消耗时间比 180 ℃的固—固扩散减少了 99.9%。根据表中数据建立固—固扩散过程中(温度低于钎料熔点 217 ℃),焊盘消耗时间与焊点温度的关系如图 9.19 所示,随着焊点温度的升高,焊盘消耗时间呈指数下降,近似满足

$$t=4\,073\exp(-T/63)-118 \tag{9.7}$$

式中 t——加载时间;

T——焊点服役温度。

表 9.2　焊盘消耗量为 8 μm 所需加载时间

温度/℃	阴极 Cu 焊盘消耗量/μm	加载时间/h
100	8	711
140	8	330
160	8	187
180	8	121
250	8	0.17

焊盘消耗量与加载时间的比可以看作元素的扩散速率,根据表 9.2 中数据计算获得焊点温度为 100 ℃、140 ℃、160 ℃、180 ℃、250 ℃时的扩散速率见表 9.3。当焊点温度低于钎料熔点时,焊点温度由 100 ℃升高到 160 ℃时,Cu 元素扩散速率由 0.011 25 μm/h 提高到 0.066 12 μm/h,焊点温度升高 60 ℃,扩散速率增大了 6 倍。而当焊点温度达到 250 ℃时(钎料处于熔化状态),Cu 元素的扩散速率比固态扩散时提高了几千倍。

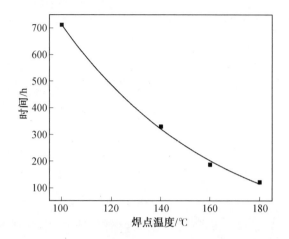

图 9.19　不同温度阴极消耗 8 μm Cu 焊盘所需要的时间

表 9.3　不同温度下 Cu 元素扩散速率

温度/℃	Cu 元素扩散速率/($\mu m \cdot h^{-1}$)
100	0.011 25
140	0.024 24
160	0.042 78
180	0.066 12
250	47.058 8

9.4　本章小结

电—热耦合时效过程中,阳极界面 IMC 层厚度变化与加载时间呈抛物线关系;阴极界面 IMC 形貌变化显著,且阴极侧化合物量与加载时间呈现先增多后减少的变化特征。电—热耦合作用下,元素扩散分为两个阶段:试验初始阶段,焊点界面区域元素浓度相差悬殊,浓梯度引起的元素扩散起主导作用;扩散到一定程度后,浓度梯度相对减小,电迁移通量增大,电子风力引起的元素扩散起主导作用。

焊点温度升高加速了焊点的电迁移失效进程,当电流密度一定时,随着焊点温度的增加,Cu 焊盘的消耗时间呈指数下降。焊点温度升高时,阴极侧化合物形貌也由不规则变得规则,且表面光滑度提高;对于阳极界面化合物形貌,当温度低于钎料熔点(217 ℃)时,随着温度升高,晶粒尺寸增大;当焊点温度超过钎料熔点时,阳极界面 IMC 晶粒生长模式发生变化,由固－固扩散时多边形球状晶粒转变为多边形柱状晶粒。

电载荷作用下,固－液扩散过程中,随着焊点内电流密度的增大,焊点阴极界面 IMC 晶粒尺寸呈减小趋势,阳极 Cu_6Sn_5 晶粒尺寸增大。焊点阴极电子流入端与阳极流出端处,界面 IMC 的晶粒尺寸比阴极及阳极界面的平均晶粒大。

回流焊后,界面 IMC 晶粒尺寸对焊点的抗电－热耦合时效性能有一定影响。尺寸界面 IMC 晶粒尺寸越大,晶粒内缺陷越多,电－热耦合作用下,焊盘金属原子通过界面 IMC 进入体钎料的速率越快,焊点抗电－热耦合时效性能越差。界面 IMC 晶粒尺寸越小,元素扩散通道越多,焊点的抗电－热耦合时效性能越差。

第10章 电－热耦合时效与微焊点的几何尺寸效应

电迁移过程中伴随着界面 IMC 层的形成与分解、焊盘的消耗、柯肯达尔空洞的形成、锡须的生长等一系列的元素扩散过程。相关研究表明,元素扩散过程存在几何尺寸效应。本章以线性焊点及 BGA 焊点两种试样形式为研究对象,以界面 IMC 层厚度变化量及 Cu 焊盘的消耗量为评价标准,调查了焊点电迁移过程及热时效过程中固－固界面元素扩散及固－液界面元素扩散的几何尺寸效应,获得了钎料层厚度、焊点直径、焊点高度对电迁移过程的影响规律。

10.1 线性焊点的几何尺寸效应

本节采用 Cu/Sn－3Ag－0.5Cu(SAC305)/Cu 线性焊点为研究对象,研究了电－热耦合时效及热时效过程钎料层厚度对界面元素扩散的影响。焊点钎料层厚度(δ)分别为 60 μm、120 μm 和 240 μm。时效后,对比分析了不同 δ 焊点内的扩散系数、扩散通量及元素浓度,获得了钎料层厚度 δ 对焊点内元素扩散机制的影响规律。

10.1.1 回流焊过程的几何尺寸效应

回流焊后,钎料层厚度 δ 为 120 μm 的对接焊点 Cu/ SAC305/Cu,如图 10.1 所示,焊点界面处只形成了一层扇贝状的 Cu_6Sn_5。δ 为 60 μm、120 μm 和 240 μm 焊点的界面 IMC 层厚度分别为 2.23 μm、2.37 μm 和 2.58μm。随着钎料层厚度的增加,界面 IMC 层厚度有所增大。回流焊过程中,钎料熔化,Cu 基板与钎料合金中的 Sn 相互扩散并发生界面反应。Nernst-Shchukarev 方程常用来描述固－液扩散过程,有

$$\ln \frac{C_S - C_0}{C_S - C} = k \frac{St}{V} \tag{10.1}$$

式中　C——固态金属在液态金属中的浓度,kg/m³;

　　　C_0——初始浓度,kg/m³;

　　　C_S——饱和浓度,kg/cm³;

　　　k——扩散速度常数,m/s;

　　　S——固态金属表面积,m²;

　　　t——时间,s;

　　　V——液态金属体积,m³。

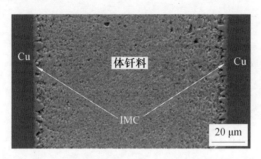

图 10.1　回流焊后焊点微观形貌($\delta=120~\mu m$)

　　根据方程可知,固—液扩散过程中,液态金属体积越大,固态金属在液态金属中的浓度越低。因此,回流焊过程中,钎料层厚度较薄的焊点内 Cu 元素浓度较大,焊点内 Cu 元素浓度梯度越小,相应的钎料层厚度较大的焊点内浓度梯度较大。根据菲克定律,扩散过程中,元素浓度梯度越大,扩散速率越快。因此在钎料层厚度较大的焊点内,Cu 元素从基板扩散进入体钎料得越多,在界面处形成 Cu_6Sn_5 化合物越厚。

10.1.2　热时效过程的几何尺寸效应

1. 界面 IMC 层厚度

　　焊点经过 160 ℃高温时效 200 h 后微观形貌如图 10.2 所示。热时效后,扇贝状的 Cu_6Sn_5 转变为层状形态,且 Cu_6Sn_5 与 Cu 基板之间形成了一层 Cu_3Sn。热时效后,δ 为 60 μm、120 μm 和 240 μm 的焊点界面 IMC 层($Cu_6Sn_5 + Cu_3Sn$)厚度分别为 4.33 μm、4.93 μm 和 5.46 μm。与回流焊后相比,δ 为 60 μm、120 μm 和 240 μm 的焊点界面 IMC 层厚度增加量分别为 2.00 μm、2.56 μm 和 2.88 μm,随着钎料层厚度的增加,界面 IMC 层的生长速率增加。

2. 元素扩散系数和生长指数

　　热时效过程中界面 IMC 生长是扩散控制的过程,界面 IMC 生长动力学方程

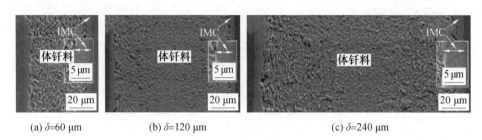

(a) $\delta=60$ μm　　　　(b) $\delta=120$ μm　　　　(c) $\delta=240$ μm

图 10.2　热时效后不同钎料层厚度焊点微观形貌($T=160$ ℃, $t=200$ h)

可表示为[90-92]

$$X = X_0 + \sqrt{D}t^n \tag{10.2}$$

式中　X——界面 IMC 的平均厚度；

　　　X_0——初始厚度；

　　　D——扩散系数；

　　　t——时效时间；

　　　n——时间指数。

图 10.3 为不同钎料层厚度焊点热时效后界面 IMC 层厚度与 t^n 的关系。δ 为 60 μm、120 μm 和 240 μm 的焊点，线性拟合残差平方和最小时，对应的时间指数 n 分别为 0.420 μm、0.421 μm 和 0.423 μm。拟合直线斜率为扩散系数平方根。通过拟合直线斜率计算获得钎料层厚度 δ 为 60 μm、120 μm 和 240 μm 的焊点内元素扩散系数分别为 0.060 3 μm²/h、0.079 7 μm²/h 和 0.090 6 μm²/h。不同钎料层厚度焊点内扩散系数 D 及时间指数 n 见表 10.1。

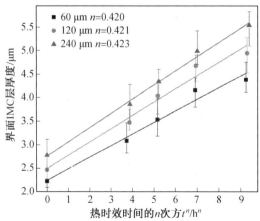

图 10.3　不同钎料层厚度焊点内界面 IMC 层厚度与 t^n 的关系

表 10.1　热时效过程中不同钎料层焊点内的扩散系数及时间指数

钎料层厚度 $\delta/\mu m$	扩散系数 $D/(\mu m^2 \cdot h^{-1})$	时间指数 n
60	0.060 3	0.420
120	0.079 7	0.421
240	0.090 6	0.423

3. 焊点内元素浓度分布

热时效后,采用 EDX 获得不同钎料层厚度焊点内元素浓度,线扫描能谱曲线如图 10.4 所示,通过能谱计算体钎料内 Cu 元素的平均浓度。钎料层厚度 δ 为 60 μm、120 μm 和 240 μm 的焊点内 Cu 元素的平均浓度分别为 7.39%、5.33%、3.27%。随着钎料层厚的增大,焊点内 Cu 元素浓度有降低趋势。然而在界面 IMC(Cu_6Sn_5)中,Cu、Sn 原子比例一定,Cu 浓度为 63.49%,Sn 的浓度为 36.51%。因此,在 δ 为 60 μm、120 μm 和 240 μm 的焊点内,钎料和 IMC 中 Cu 元素的浓度差分别为 56.10%、58.16% 和 60.22%。随着钎料层厚度的增加,IMC/钎料界面 Cu 元素浓度梯度越大。

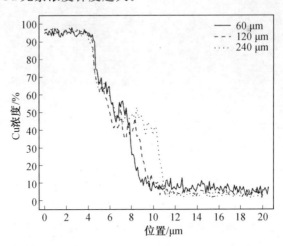

图 10.4　热时效后不同钎料层厚度焊点内 Cu 元素浓度($T=160\ ℃,t=200\ h$)

4. 焊点内元素扩散通量

热时效过程中,焊点内元素扩散通量大小决定了元素的扩散迁移速率。热时效过程中,浓度梯度是主要的扩散驱动力,浓度梯度作用下焊点内元素扩散通量(J_{CM})如式(7.11)所示。由式(7.11)可知,热时效过程中焊点内元素扩散通量主要由焊点内元素浓度梯度 dc/dx 及扩散系数 D 共同决定。通过以上分析可知,随着钎料层厚的增大,焊点内元素扩散系数 D 及元素浓度梯度均增大。因此,在钎料层厚度较大的焊点内,热时效过程中元素的扩散通量 J_{CM} 也较大。

10.1.3　电一热耦合时效过程的几何尺寸效应

1. 界面 IMC 层厚度及 Cu 焊盘消耗

图 10.5 为电一热耦合时效($j=0.76\times10^4\,\mathrm{A/cm^2}$, $T=160\,℃$)200 h 后不同钎料层厚度焊点的微观形貌。通电后,焊点发生了明显的电迁移现象,阴极一侧,Cu 焊盘出现了不同程度的消耗,在 δ 为 60 $\mu\mathrm{m}$、120 $\mu\mathrm{m}$ 和 240 $\mu\mathrm{m}$ 的焊点内阴极 Cu 焊盘消耗量分别为 12.73 $\mu\mathrm{m}$、5.09 $\mu\mathrm{m}$ 和 2.01 $\mu\mathrm{m}$;阳极界面 IMC 厚度明显增大,在 δ 为 60 $\mu\mathrm{m}$、120 $\mu\mathrm{m}$ 和 240 $\mu\mathrm{m}$ 的焊点内,厚度增加量分别为 25.92 $\mu\mathrm{m}$、10.75 $\mu\mathrm{m}$ 和 6.44 $\mu\mathrm{m}$。相同试验条件下,钎料层厚度为 60 $\mu\mathrm{m}$ 的焊点电迁移程度比钎料层厚度为 240 $\mu\mathrm{m}$ 的焊点更明显。阴极 Cu 焊盘消耗量增大了 4 倍,阳极界面 IMC 层厚度增大了 2 倍。

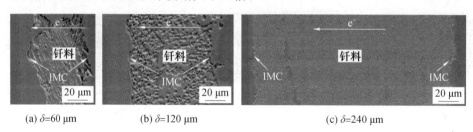

(a) $\delta=60\ \mu\mathrm{m}$　　　　(b) $\delta=120\ \mu\mathrm{m}$　　　　(c) $\delta=240\ \mu\mathrm{m}$

图 10.5　电一热耦合时效过程中焊点微观形貌($j=0.76\times10^4\,\mathrm{A/cm^2}$, $T=160\,℃$, $t=200\,\mathrm{h}$)

2. 元素扩散系数

电迁移过程中,由于 Cu 原子由阴极向阳极的定向迁移,阴极 Cu 焊盘不断消耗,阳极界面 IMC 层不断长大。为了简化分析获得焊点界面元素的扩散系数,以阳极界面 IMC 层厚度变化为研究对象。图 10.6 为电一热耦合时效过程中不同钎料层厚度焊点阳极界面 IMC 层厚度与加载时间平方根的关系。从图中可以看出,阳极界面 IMC 层厚度与加载时间平方根近似满足线性关系($\delta=60\ \mu\mathrm{m}$, 0~100 h),直线斜率为扩散系数平方根。电一热耦合失效过程中,δ 为 60 $\mu\mathrm{m}$、120 $\mu\mathrm{m}$ 和 240 $\mu\mathrm{m}$ 的焊点内元素扩散系数分别为 1.721 $\mu\mathrm{m^2/h}$(0~100 h)、0.551 $\mu\mathrm{m^2/h}$、0.190 $\mu\mathrm{m^2/h}$。随着钎料层厚度的增大,元素扩散系数明显减小。

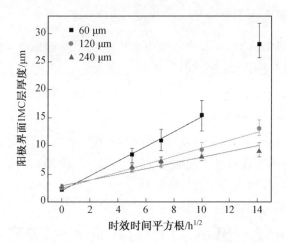

图 10.6　电－热耦合时效过程中阳极界面 IMC 层厚度与加载时间平方根的关系

3.阴极界面近区元素浓度

电－热耦合时效过程中,阴极界面近区 Cu 元素浓度体现了 Cu 从阴极 Cu 焊盘迁出到体钎料内的数量,同时决定了 Cu 由阴极向阳极的扩散迁移通量。图 10.7 为通过 EDX 获得的电－热耦合时效后,不同钎料层厚度焊点阴极界面近区 Cu 元素浓度,为了避免阴极界面近区 Cu_6Sn_5 颗粒及 Ag_3Sn 颗粒对试验结果的影响,去除 EDX 结果中极高 Cu 元素浓度(Cu_6Sn_5)及极低 Cu 元素(Ag_3Sn)浓度的点。δ 为 60 μm、120 μm 和 240 μm 的焊点阴极界面近区 Cu 元素的平均浓度分别为 5.46%、4.91%、2.99%。随着钎料层厚度的增大,Cu 元素浓度降低。

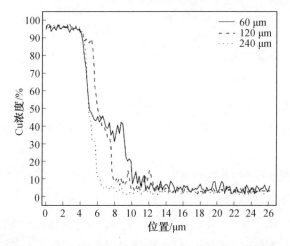

图 10.7　电－热耦合时效后阴极界面近区 Cu 元素浓度

4. 扩散通量

由于试样几何结构不同,因此对接焊点中电流聚集程度较 BGA 焊点低,焊点内电流密度梯度及温度梯度较小。因此,在对接焊点中,电子风力为元素扩散迁移的主要驱动力,电子风力作用下,原子的扩散迁移通量如式(7.6)所示。在试验温度及材料一定的情况下,式(7.6)中 k、T、Z^*、e、ρ、j 均不受钎料层厚度的影响。因此,焊点内元素浓度 C 及扩散系数 D 是影响电迁移通量的主要因素。通过前面的分析可知,钎料层厚度越大,焊点内 Cu 元素浓度越低,元素扩散系数 D 也越小。根据式(7.6)可得出,钎料层厚度越大,焊点元素的电迁移通量越小。

10.2　BGA 焊点的几何尺寸效应

10.2.1　不同直径焊点的电—热耦合时效特征

在试验温度 $T=160\ ℃$、电流密度 $j=0.76\times10^4\ A/cm^2$ 的条件下,对焊盘直径为 $310\ \mu m$,钎料球直径分别为 $350\ \mu m$、$400\ \mu m$ 和 $450\ \mu m$ 的 Cu/SAC305/Cu 互连焊点进行电迁移试验,通电 200 h 后,焊球的微观形貌如图 10.8 所示。从图中可以发现,不同直径的焊球都发生了电迁移现象,但焊球尺寸不同,焊点的电迁移程度有所不同。焊点直径越小,其电迁移程度越明显,阴极 Cu 焊盘消耗量越大,阳极界面 IMC 层厚度越厚,焊点内聚集的 Cu_6Sn_5 化合物越多。原因主要为以下两点。

(1)不同直径的焊球匹配相同直径的焊盘时,钎料球与焊盘的接触面积相同,焊盘中的 Cu 扩散进入体钎料的面积相同。试验条件相同时,单位时间内从 Cu 焊盘扩散进入体钎料内的原子数量相同。相同试验时间后,钎料球直径较小的焊点内 Cu 元素浓度较大。根据电迁移通量公式可知,焊点内元素的电迁移通量与元素浓度成正比,因此,钎料球直径较小的焊点内 Cu 元素的电迁移通量较大。

(2)焊点直径较小时,回流焊后焊点高度较低。焊点与外界接触的表面积越小,通电过程中焊点的散热条件越差。因此,相同加载条件下,焊点直径越小,散热条件越差,焊点温度越高,焊点内元素迁移速度越快,越有利于阴极 Cu 焊盘的消耗及阳极界面 IMC 层的生长。综上所述,相同加载条件下,焊球直径越小,焊点的抗电迁移性能越差,焊点的电迁移现象越明显。

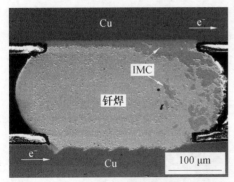

(a) 焊球直径350 μm

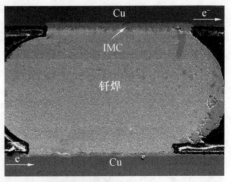

(b) 焊球直径400 μm

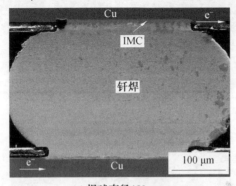

(c) 焊球直径450 μm

图 10.8　电—热耦合时效后不同直径焊球的微观形貌（$j=0.76\times10^4\,\mathrm{A/cm^2}$，$T=160\,\mathrm{℃}$，$t=200\,\mathrm{h}$）

10.2.2　不同高度焊点的电—热耦合时效特征

1. 回流焊过程的几何尺寸效应

回流焊后，焊点体积相同，高度分别为 H300＝300 μm、H420＝420 μm 和 H520＝520 μm 的焊点微观形貌如图 10.9 所示。回流焊过程中，钎料熔化与 Cu 基板润湿并发生界面反应生成了一层 $\mathrm{Cu_6Sn_5}$ 界面化合物。采用 AutoCAD 软件测量界面化合物厚度及 Cu 焊盘消耗量，焊点高度为 H300、H420 和 H520 的焊点界面 IMC 层厚度分别为 6.418 7 μm、7.358 4 μm 和 8.293 7 μm，Cu 焊盘的消耗量分别为 3.690 9 μm、4.068 7 μm、4.552 6 μm。随着焊点高度的增加，回流焊后界面 IMC 层厚度增厚，Cu 焊盘的消耗度增加。回流焊过程中 IMC 层的形成属于固—液扩散过程，当液体金属受到支撑时，会导致液体分子间距离增大，有利于 Cu 从基板扩散进入体钎料，并与 Sn 结合形成 $\mathrm{Cu_6Sn_5}$，使界面化合物厚度增加；当液态金属受到压力时，会使分子间距离减小，不利于 Cu 从基板进入体钎料，形成 Cu_6Sn_5 化合物。不同高度焊点的焊接过程中，高度为 H300 的焊点回流过程中受压，而高度为 H420 和 H520 的焊点受拉，高度为 H520 的焊点受到的拉力最大。因此，回流焊后焊点高度越大越有利于界面化合物（Cu_6Sn_5）的形成，界面化合物厚度越大，Cu 焊盘消耗量越大。

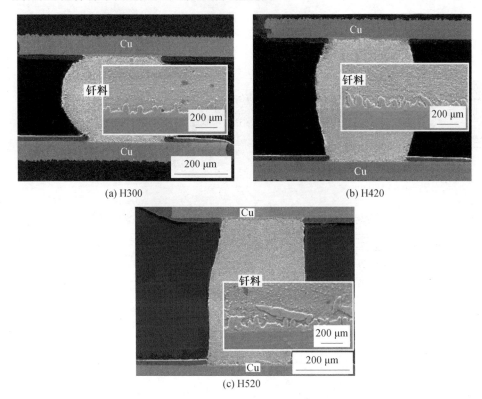

(a) H300　　　　　　　　　　(b) H420

(c) H520

图 10.9　回流焊后不同高度焊点的微观形貌

2. 热时效过程的几何尺寸效应

在温度为 230 ℃条件下，焊点分别高度为 H300、H420 和 H520，液态保温 30 min 后，焊点的微观形貌如图 10.10 所示。液态保温后焊点界面 IMC 层均增厚，且在 Cu_6Sn_5 与 Cu 焊盘之间形成了一层 Cu_3Sn。焊点高度不同，界面 IMC 层厚度及焊盘消耗厚度不同，高度为 H300、H420 和 H520 的焊点界面 IMC 厚度增加量分别为 10.272 2 μm、10.565 7 μm、10.907 6 μm，IMC 层厚度增加量分别为 3.853 5 μm、3.231 7 μm、2.614 1 μm，Cu 焊盘消耗厚度分别为 4.818 4 μm、5.070 4 μm、5.269 2 μm，消耗量分别为 1.127 5 μm、1.001 7 μm、0.716 6 μm。

随着焊点高度增加,界面 IMC 层厚度增加量减小,Cu 焊盘消耗量减小,即随焊点高度的增加,IMC 层的生长速率及 Cu 焊盘的消耗速率减少。回流焊后和热时效后焊点界面 IMC 层厚度变化及 Cu 焊盘消耗量变化,如图 10.11 所示。原因主要是回流焊后在焊点较高的焊点内界面 IMC 层较厚,热时效过程中 Cu 及 Sn 的扩散需要通过晶界扩散的形式穿过 Cu_6Sn_5 层,到达 IMC/钎料或 Cu/IMC 界面,由于回流焊过程中高度较高的焊点界面 IMC 形成得较厚,Cu 及 Sn 原子穿过 IMC 需要较长的路径,因此,高度较高的焊点界面 IMC 层生长速率较慢。

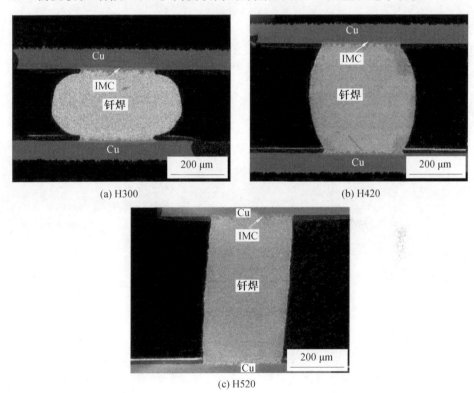

图 10.10　热时效后不同高度焊点的微观形貌($T=230\ ℃,t=30\ min$)

3. 电—热耦合时效过程的几何尺寸

在电流密度为 $0.5×10^4\ A/cm^2$,温度为 230 ℃ 的条件下进行电—热耦合时效试验,时效 30 min 后不同高度焊点的微观形貌如图 10.12 所示。与图 10.10 热时效过程焊点的形貌相比,电流的作用下 Cu 原子的定向迁移使阴极 Cu 焊盘受到侵蚀,阳极界面 IMC 层厚度明显增厚,两极界面 IMC 生长存在明显的极性效应。相同加载条件下,焊点的电迁移程度受焊点高度影响。焊点高度越高,焊

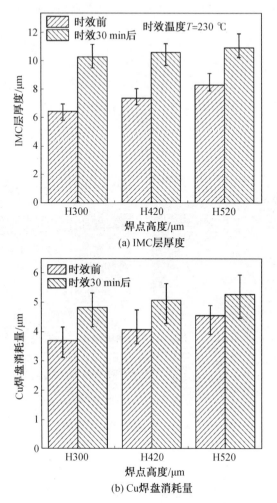

图 10.11　回流焊后和热时效后焊点界面 IMC 层厚度及 Cu 焊盘消耗量变化（T＝230 ℃）

点阴极 Cu 焊盘受到侵蚀越严重，消耗速率越大，高度为 H300、H420、H520 的焊点的阴极 Cu 焊盘的消耗速率分别为 0.222 1 $\mu m/min$、0.302 1 $\mu m/min$、0.385 4 $\mu m/min$，如图 10.13 所示。阳极界面 IMC 层厚度越厚，焊点的电迁移程度越明显。图 10.14 为通过数值模拟获得的焊点内电流密度分布，高度为 H1、H2、H3 的焊点中心电流密度分别为 0.16×10^4 A/cm^2、0.31×10^4 A/cm^2、0.50×10^4 A/cm^2，相同体积的钎料，焊点高度越高，焊点的平均截面积越小，相同的电流通过焊点时，在高度较高的焊点内平均电流密度较大，根据电迁移通量公式，焊点内元素的电迁移通量 J 与电流密度 j 成正比，因此，高度较高的焊点内元素的电迁移通量较大。此外，由式（7.6）可知，焊点内产生的焦耳热与电流密度的平方成正比,因此,高度较高的焊点内产生的焦耳热较多,焊点温度相对较高,电迁移过程中,高温可以加速原子在平衡位置的震动,有利于原子脱离周围原子束缚,并沿着电子运动方向迁移。

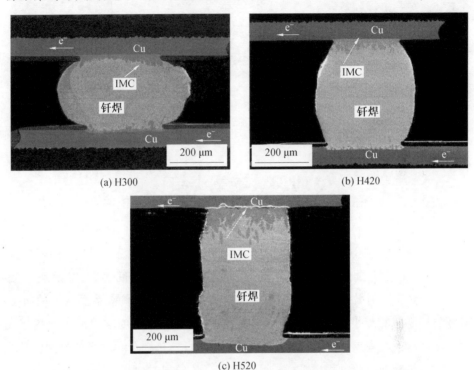

图 10.12　电—热耦合时效后不同高度焊点界面 IMC 层形貌与分布

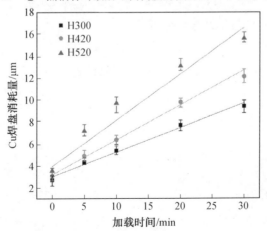

图 10.13　不同高度焊点阴极 Cu 焊盘消耗量($j = 0.5 \times 10^4\,\text{A/cm}^2$,$T = 230$ ℃)

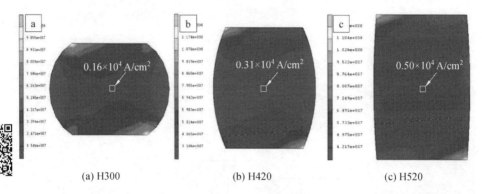

(a) H300 (b) H420 (c) H520

图 10.14 电—热耦合时效过程中不同高度焊点内部电流密度($j=0.5\times10^4\,\mathrm{A/cm^2}$, $T=230\ ℃$)

10.3 本章小结

钎料层厚度影响焊点内元素扩散行为,焊点内元素的扩散系数、时间指数、元素浓度、扩散通量随钎料层厚度的变化而变化。热时效过程中,浓度梯度为主要驱动力,在钎料层厚度较小的焊点内,元素扩散系数、时间指数、扩散通量较小。电—热耦合时效过程中,电子风力为主要扩散驱动力,扩散系数与扩散通量随钎料层厚度的减小而增大。两种时效过程中,钎料层厚度较薄的焊点内,Cu元素浓度较大。焊点温度相同时,钎料层厚度对电—热耦合时效的影响更显著。

电—热耦合时效过程中,BGA焊点焊盘直径相同时,焊球直径越小(焊球与焊盘直径比为 1.17~1.50),相同加载时间后,焊点内 Cu 元素浓度越大,焊点的散热条件越差,焊点的抗电迁移性能越差。

电—热耦合时效过程中,焊点体积相同时,焊点高度越高,相同加载条件下,焊点内温度及电流密度越大,焊点阴极 Cu 焊盘消耗越严重,抗电迁移性能越差。

第 11 章　电－热耦合时效过程中焊盘消耗及 IMC 层生长本构模型

　　电迁移过程伴随着阴极焊盘的消耗及阳极界面 IMC 层的生长,然而焊点焊盘的过度消耗及过厚的界面 IMC 层都会导致焊点的电气性能和机械性能的下降,严重影响焊点可靠性。因此,电迁移过程中建立阳极界面 IMC 层生长及阴极 Cu 焊盘消耗的本构方程是极其必要的,它将对电迁移测试及电子元器件的寿命预测有重要意义。

　　关于电迁移过程界面 IMC 层生长及 Cu 焊盘消耗已有较多报道,但关于温度、电流密度对界面 IMC 层生长及 Cu 焊盘消耗的影响规律并不是很清楚。研究表明,阳极界面 IMC 层的厚度与加载时间的平方根成正比,电迁移过程中,电流密度越大,温度越高,界面 IMC 层生长速度越快[93-96]。电迁移过程中,随着焊点内 Cu 元素浓的降低及焊点体积的增大,阴极 Cu 焊盘的消耗速率增大[97]。

　　本章主要调查了不同温度及电流密度下,阴极 Cu 焊盘的消耗规律及阳极界面 IMC 层的生长规律。建立了阴极 Cu 焊盘的消耗及阳极界面 IMC 层的生长的本构方程,方程中含有温度、电流密度、加载时间参数。

11.1　热时效过程中界面 IMC 层生长及 Cu 焊盘消耗

　　回流焊后在 SAC305 及 Cu 焊盘之间形成了一层薄薄的 Cu_6Sn_5,Cu 焊盘有少量消耗,如图 11.1(a)所示。回流焊后,界面处 Cu_6Sn_5 的厚度约为 5.72 μm,Cu 焊盘消耗量为 2.75 μm,界面 IMC 层的 3D 形貌呈扇贝状。回流焊后,在温度为 160 ℃的条件下对焊点进行热时效测试,加载时间分别为 25 h、50 h、100 h、200 h。加载 200 h 后,焊点的微观形貌如图 11.1(b)所示,Cu_6Sn_{11} 转变为层状结构,Cu_6Sn_{11} 晶粒尺寸增大。热时效过程界面 IMC(Cu_6Sn_{11} + Cu_3Sn)层的厚度及 Cu 焊盘的消耗量与时效时间的关系如图 11.2 所示。随着时效时间的增加,IMC 层厚度及 Cu 焊盘的消耗量均增加,且 IMC 层厚度与时效时间近似满足抛物线关系,这表明 IMC 层的生长及为扩散控制的过程,IMC 层的生长规律与 Onishi 和 Fujibuchi 的研究结果一致[97]。

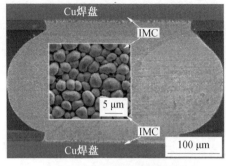

(a) 回流焊后焊点微观形貌

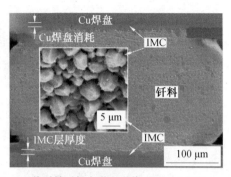

(b) 热时效后焊点微观形貌(160 ℃,200 h)

图 11.1　焊点微观形貌

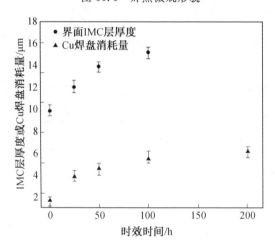

图 11.2　热时效过程中 IMC 层生长及 Cu 焊盘消耗量与时效时间的关系

11.2　阴极 Cu 焊盘消耗及阳极界面 IMC 层生长的本构方程

在不考虑焊点几何尺寸对电迁移过程影响的情况下,焊点温度及焊点内的电流密度是影响电迁移时效的主要因素。电迁移过程伴随着阴极 Cu 焊盘的消耗及阳极界面 IMC 层的生长,焊点温度为 180 ℃,电流密度为 $0.76 \times 10^4 \, A/cm^2$ 的条件下加载 200 h 后,焊点的微观形貌如图 11.3 所示,图中箭头表示电子流的方向。焊点阴极一侧 Cu 焊盘被大量消耗,其消耗量 δ 为 10.72 μm,电迁移后 Cu

焊盘呈现锯齿状的形貌。被消耗的 Cu 原子在电子流的作用下聚集到阳极,并与 Sn 原子结合形成 Cu_6Sn_5 化合物,使阳极界面 IMC 层厚度大幅度增加,加载 200 h 后阳极界面 IMC 层厚度(δ_1)为 15.95 μm。焊点 Cu 焊盘的过度消耗及界面 IMC 层的过度生长会导致焊点的电气性能和机械性能的下降,严重影响焊点可靠性。

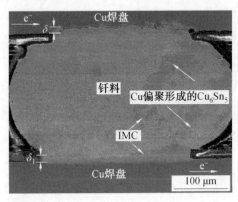

图 11.3　Cu 焊盘消耗和界面 IMC 层厚度($j = 0.76 \times 10^4 \, A/cm^2$,$T = 180 \, ℃$,$t = 200 \, h$)

为了获得电迁移过程中焊点阴极 Cu 焊盘消耗及阳极界面 IMC 层生长的本构方程,本书设计了一定电流密度不同温度及一定温度不同电流密度的电迁移试验,具体加载条件见表 11.1。试验后采用 AutoCAD 测量焊点阴极 Cu 焊盘消耗厚度及阳极界面 IMC 层厚度,具体数值见表 11.2 和表 11.3。随着焊点温度的升高及电流密度的增大,焊点电迁移时效程度更加明显,相同加载时间后,焊点阴极 Cu 焊盘消耗量及阳极界面 IMC 层厚度均增大。

表 11.1　焊点加载条件

焊点成分	焊球直径 /μm	试验条件	温度 /℃	电流密度 /($A \cdot cm^{-2}$)	加载时间 /h
SAC305	400	一定温度不同电流密度	180 ± 2	0.76×10^4 0.3×10^4 0.5×10^4	25、50、100、200
		一定电流密度不同温度	100 ± 2 140 ± 2 160 ± 2	0.76×10^4	25、50、100、200

表 11.2　不同温度下焊点 Cu 焊盘消耗量及界面 IMC 层厚度($j=0.76\times10^4\,\mathrm{A/cm^2}$)

温度	阴极 Cu 焊盘消耗量/μm					阳极界面 IMC 厚度/μm				
	0 h	25 h	50 h	100 h	200 h	0 h	25 h	50 h	100 h	200 h
100 ℃	2.75	3.34	3.51	3.82	4.33	5.72	7.88	8.65	9.35	9.91
140 ℃	2.75	3.57	4.22	4.31	6.14	5.72	8.65	9.55	10.46	11.56
160 ℃	2.75	3.97	4.51	6.09	8.18	5.72	9.50	10.57	11.70	13.54
180 ℃	2.75	4.80	5.35	7.73	10.72	5.72	10.52	11.98	13.55	15.95

表 11.3　不同电流密度下焊点 Cu 焊盘消耗量及界面 IMC 层厚度($T=180$ ℃)

电流密度	阴极 Cu 焊盘消耗量/μm					阳极界面 IMC 层厚度/μm				
	0 h	25 h	50 h	100 h	200 h	0 h	25 h	50 h	100 h	200 h
$0.3\times10^4\,\mathrm{A/cm^2}$	2.75	3.53	4.37	5.32	7.77	5.72	7.03	8.58	9.14	12.21
$0.5\times10^4\,\mathrm{A/cm^2}$	2.75	3.88	4.59	6.57	9.13	5.72	7.99	9.13	11.34	13.86
$0.76\times10^4\,\mathrm{A/cm^2}$	2.75	4.80	5.35	7.73	10.72	5.72	10.52	11.98	13.55	15.95

11.2.1　阴极 Cu 焊盘消耗的本构方程

电流密度为 $0.76\times10^4\,\mathrm{A/cm^2}$，不同温度下(100 ℃、140 ℃、160 ℃和180 ℃)及焊点温度为 180 ℃，电流密度分别为 0.3 $\mathrm{A/cm^2}$、0.5 $\mathrm{A/cm^2}$、$0.76\times10^4\,\mathrm{A/cm^2}$ 的条件下阴极 Cu 焊盘消耗量与加载时间的关系如图 11.4 和图 11.5 所示。对试验数据点进行数据拟合，可以看出 Cu 焊盘消耗量与加载时间近似满足线性关系，如图 11.4 和图 11.5 所示。电迁移过程中阴极 Cu 焊盘消耗量与加载时间的关系可近似表示为

$$\delta=At+B \tag{11.1}$$

式中　δ——Cu 焊盘消耗量，μm；

　　　A——Cu 焊盘消耗速率，μm/h；

　　　t——加载时间，h；

　　　B——常数(回流焊后 Cu 焊盘的消耗量)，μm。

电流密度一定时，温度越高，Cu 焊盘的消耗速率越快，如图 11.4 所示。通过焊点的电流密度为 $0.76\times10^4\,\mathrm{A/cm^2}$，焊点温度为 100 ℃、140 ℃、160 ℃ 和 180 ℃条件下，对应的 Cu 焊盘消耗速率分别为 0.007 μm/h、0.015 μm/h、

$0.026\ \mu m/h$ 和 $0.038\ \mu m/h$。一定电流密度条件下,Cu 焊盘消耗速率与焊点温度的关系如图 11.6 所示。通过数据拟合可以发现,电迁移过程中,电流密度一定时,Cu 焊盘的消耗速率 A 与焊点温度 T 近似满足抛物线关系,有

$$A_T = 4.68 \times 10^{-6} T^2 - 9.24 \times 10^{-4} T + 0.053 \tag{11.2}$$

式中　T——焊点温度。

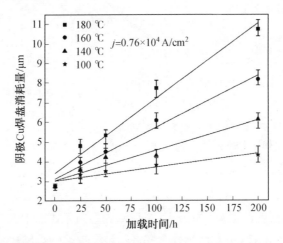

图 11.4　不同温度下 Cu 焊盘消耗量与加载时间的关系($j = 0.76 \times 10^4\ A/cm^2$)

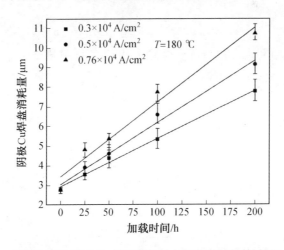

图 11.5　不同电流密度下 Cu 焊盘消耗量与加载时间的关系($T = 180\ ℃$)

结合式(11.1)与式(11.2),同一电流密度,不同温度下 Cu 焊盘的消耗量与加载时间的关系可表示为

$$\delta = (4.68 \times 10^{-6} T^2 - 9.24 \times 10^{-4} T + 0.053)t + B \tag{11.3}$$

焊点温度一定时,通过焊点的电流密度越大,Cu 焊盘的消耗速率越大,如图

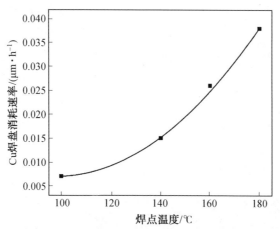

图 11.6　阴极 Cu 焊盘消耗速率与焊点温度的关系($j=0.76×10^4$ A/cm²)

11.5 所示。焊点温度为 180 ℃，通过焊点电流密度为 $0.3×10^4$ A/cm²、$0.5×10^4$ A/cm²、$0.76×10^4$ A/cm² 的条件下，焊点阴极 Cu 焊盘消耗速率分别为 0.024 5 μm/h、0.031 6 μm/h、0.038 1 μm/h。焊点温度一定时，Cu 焊盘消耗速率与焊点内电流密度的关系，如图 11.7 所示。通过数据拟合可以发现，电迁移过程中，温度一定时，Cu 焊盘的消耗速率 A 与通过焊点的电流密度 j 近似满足线性关系，有

$$A_j = 2.936\ 5×10^{-6} j + 0.016\ 15 \tag{11.4}$$

结合式(11.1)和式(11.4)可获得同一温度、不同电流密度条件下，焊点阴极 Cu 焊盘消耗量预加载时间的关系为

$$\delta = (2.94×10^{-6} j + 0.016)t + B \tag{11.5}$$

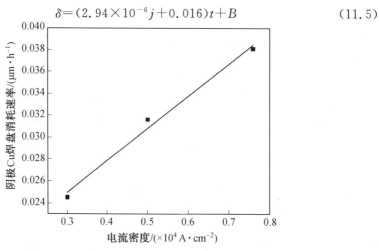

图 11.7　阴极 Cu 焊盘消耗速率与焊点内电流密度的关系($T=180$ ℃)

11.2.2　阳极界面 IMC 层生长的本构方程

一定电流密度（$0.76 \times 10^4\,A/cm^2$）不同温度（100 ℃、140 ℃、160 ℃ 和 180 ℃）及一定温度（180 ℃）不同电流密度（$0.3 \times 10^4\,A/cm^2$、$0.5 \times 10^4\,A/cm^2$、$0.76 \times 10^4\,A/cm^2$）阳极界面 IMC 层厚度（δ_1）见表 11.4 和表 11.5。界面 IMC 层厚度与加载时间平方根（$t^{1/2}$）的关系如图 11.8 和图 11.9 所示。通过数据拟合发现，界面 IMC 层厚度（δ_1）与加载时间平方根（$t^{1/2}$）近似满足线性关系，这与前人的研究结果一致。δ_1 与 $t^{1/2}$ 的关系为

$$\delta_1 = A_1 t^{1/2} + B_1 \tag{11.6}$$

式中　δ_1——阳极界面 IMC 层厚度，μm；

　　　A_1——IMC 层生长系数，$\mu m/h$；

　　　t——加载时间，h；

　　　B_1——回流焊后界面 IMC 层厚度（常数），μm。

电流密度（j）一定时，阳极界面 IMC 层生长系数 A_1 随焊点温度的升高而增大，如图 11.8 所示，焊点温度为 100 ℃、140 ℃、160 ℃ 和 180 ℃ 时，对应的生长系数 A_1 分别为 0.007 $\mu m/h$、0.015 $\mu m/h$、0.026 $\mu m/h$ 和 0.038 $\mu m/h$。一定电流密度不同温度下阳极界面 IMC 层的生长系数如图 11.10 所示，生长系数 A_1 与焊点温度 T 近似满足抛物线规律，即

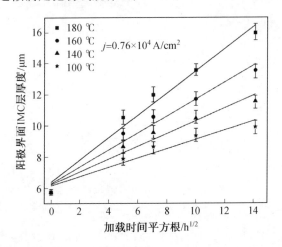

图 11.8　不同温度下 IMC 层厚度与加载时间平方根的关系（$j = 0.76 \times 10^4\,A/cm^2$）

$$A_{1_T} = 5.91 \times 10^{-5} T^2 - 0.01T + 0.84 \tag{11.7}$$

式中　T——焊点温度。

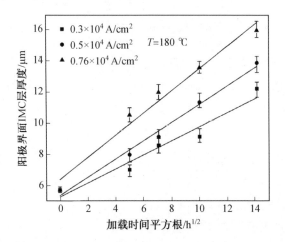

图 11.9　不同电流密度下 IMC 层厚度与加载时间平方根的关系($T=180$ ℃)

结合式(11.6)和式(11.7),可获得电流密度一定时,不同温度下阳极界面 IMC 层厚度随时间的变化规律,即

$$\delta_1 = (5.91\times10^{-5}\,T^2 - 0.01T + 0.84)t^{1/2} + B_1 \tag{11.8}$$

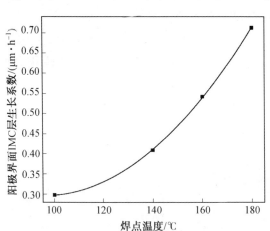

图 11.10　阳极界面 IMC 层生长系数与焊点温度的关系($j=0.76\times10^4\,\text{A/cm}^2$)

温度(T)一定时,阳极界面 IMC 层生长系数 A_1 随焊点内电流密度的升高而增大,如图 11.11 所示,焊点温度为 180 ℃,电流密度为 $0.3\times10^4\,\text{A/cm}^2$、$0.5\times10^4\,\text{A/cm}^2$、$0.76\times10^4\,\text{A/cm}^2$ 时,对应的阳极界面 IMC 层生长系数分别为 0.451 $\mu\text{m/h}$、0.586 $\mu\text{m/h}$、0.713 $\mu\text{m/h}$。一定温度下,阳极 IMC 层生长系数与焊点内电流密度的关系如图 11.11 所示,生长系数 A_1 与焊点内电流密度 j 近似满足线性关系,即

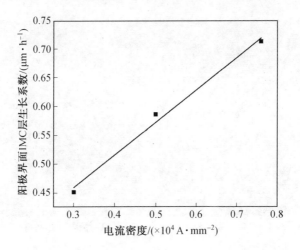

图 11.11　阳极界面 IMC 层生长系数与焊点内电流密度的关系（$T = 180\ ℃$）

$$A_{1_j} = 5.662\ 8 \times 10^{-5} j + 0.288\ 5 \tag{11.9}$$

结合式（11.6）和式（11.9），可获得温度与电流两者共同作用下，阳极界面 IMC 层生长速率 A_1 可表示为

$$\delta_1 = (5.66 \times 10^{-5} j + 0.289) t^{1/2} + B_1 \tag{11.10}$$

11.3　电流对焊点中 Cu 元素分布的影响

热时效过程中，Cu 焊盘的消耗量与界面 IMC 层生长有相似的变化规律，如图 11.12 所示，这主要是因为热时效过程中焊盘消耗的 Cu 主要是与 Sn 反应形成界面化合物 Cu_6Sn_5，体钎料内 IMC 的颗粒较少，形成 Cu_6Sn_5 需要的 Cu 及 Sn 原子有固定的原子比例，因此，Cu 焊盘的消耗量与界面 IMC 层厚度增加量有相似的变化规律。电—热耦合时效过程中，阴极 Cu 焊盘消耗量与加载时间呈线性关系（图 11.5）。阳极界面 IMC 层厚度与加载时间的平方根呈线性关系（与加载时间呈抛物线关系，如图 11.9 所示），界面 IMC 层的生长速率随加载时间的延长逐渐减小，这主要与电流作用下原子的运动及聚集有关。由于 BGA 焊点的特殊几何结构，在焊点电流流入端和电流流出端存在电流聚集，这导致流入端处焊盘消耗较严重，流出端处 Cu 原子聚集，形成界面 IMC 较多，且焊点体钎料内电流流出端处 Cu 原子浓度较高，与 Sn 原子结合形成 Cu_6Sn_5 化合物。

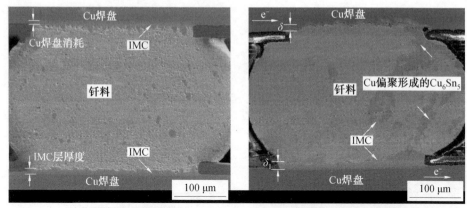

(a) 热时效过程IMC分布　　　　(b) 电－热耦合时效过程界面IMC分布

图 11.12　热时效及电－热耦合时效后焊点内 IMC 分布

11.4　本章小结

热时效过程中,焊盘消耗的 Cu 均用来形成界面 IMC,Cu 焊盘消耗与界面 IMC 层的生长具有相同的变化规律,均与加载时间的平方根呈线性关系(与加载时间呈抛物线关系)。

电－热耦合时效过程中,阴极焊盘消耗的 Cu 原子除了迁移到阳极形成界面 IMC 外,还在焊点内形成了大量的 IMC,阴极 Cu 焊盘消耗与阳极界面 IMC 层生长表现出不同的变化规律。电－热耦合时效过程中,阴极 Cu 焊盘的消耗量与加载时间满足线性关系,焊盘的消耗速率量与焊点温度呈抛物线关系,与通过焊点的电流密度呈线性关系。阳极界面 IMC 层厚度变化与加载时间平方根呈线性关系(与加载时间呈抛物线关系),界面 IMC 层的生长速率与焊点温度呈抛物线关系,与焊点内电流密度呈线性关系。

第 12 章　钎料中微量元素与微焊点抗电－热耦合时效性能

电子封装领域中,随着无铅化的推进,Sn－Ag－Cu 系无铅钎料受到广泛关注。尤其是 SAC305 钎料凭借着低熔点、良好润湿性已经被广泛应用,但由于其含 Ag 量较高(3％),使钎料成本提高的同时,降低了焊点的抗振动、冲击的性能。因此,开发性能优良的低银 Sn－Ag－Cu 系无铅钎料是极其必要的。

本章以本书研究组自主开发的新型低银无铅钎料 SAC0705－Bi－Ni 为主要研究对象,并以 SAC0705 及市面上常见的高银钎料(SAC305)为对比,研究了五种钎料的抗热时效和电－热耦合时效性能,同时分析了微量元素 Ag、Bi、Ni 对电－热耦合时效过程的影响。

12.1　微焊点抗热时效性能比较

12.1.1　焊点及界面微观形貌

无铅钎料 SAC305、SAC0705、SAC0705－Bi－Ni 回流焊后及热时效($T=$ 230 ℃,$t=30$ min)后的微观形貌如图 12.1 所示。回流焊后焊点的体钎料/Cu 界面处均形成了一层界面 IMC,但钎料种类不同界面 IMC 的类型有所不同。SAC305、SAC0705 微焊点中界面 IMC 表面光滑,呈扇贝状,而 SAC0705－Bi－Ni 微焊点中界面 IMC 表面存在很多细小毛刺。能谱分析表明前者为 Cu_6Sn_5 化合物,后者为 $(Cu,Ni)_6Sn_5$,如图 12.2 所示。可见钎料中 3.5％的 Bi 并未参加界面反应,而 0.05％的 Ni 却参加了界面反应,使界面 IMC 发生了 Cu_6Sn_5 向$(Cu,Ni)_6Sn_5$ 的转变。图 12.3 为回流焊后不同成分焊点界面 IMC 微观形貌,三种钎料成分焊点界面 IMC 晶粒尺寸由大到小的顺序为 SAC0705、SAC305、SAC0705－Bi－Ni,可见钎料中 Ag 含量的增加及微量元素 Bi、Ni 的加入都会使界面 IMC 晶粒尺寸减小。钎料中 Ag 含量的增加、回流焊后界面及钎料内部 Ag_3Sn 颗粒量增加（Ag_3Sn 可作为 Cu_6Sn_5 的形核质点，提高了界面处 Cu_6Sn_5 的形核率，因此，SAC305 焊点中界面 IMC 晶粒尺寸小于 SAC0705。钎料中添加的微量元素 Bi 并不参加界面反应，而 Ni 元素的添加会使 Ni 原子取代 Cu_6Sn_5 中部分 Cu 原子，使界面化合物 Cu_6Sn_5 发生向（Cu，Ni）$_6Sn_5$ 的转变，导致 SAC0705－Bi－Ni 焊点中界面 IMC 晶粒尺寸小于 SAC0705。

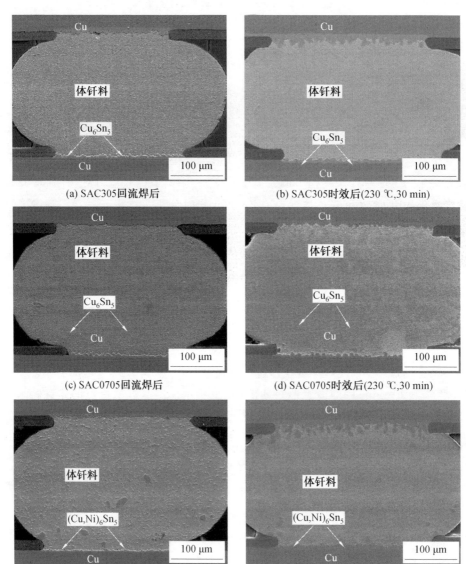

(a) SAC305回流焊后　　　　　　(b) SAC305时效后(230 ℃,30 min)

(c) SAC0705回流焊后　　　　　　(d) SAC0705时效后(230 ℃,30 min)

(e) SAC0705–Bi–Ni回流焊后　　　(f) SAC0705–Bi–Ni时效后(230 ℃,30 min)

图 12.1　回流焊后及热时效后的微观形貌

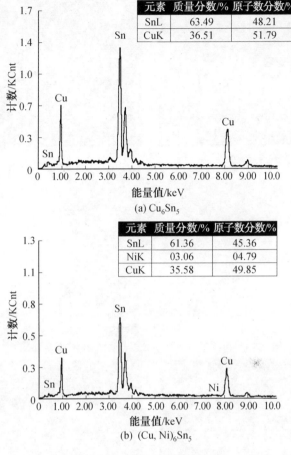

图 12.2　界面 IMC 成分分析

　　热时效后焊点界面 IMC 微观形貌如图 12.4 所示,与回流焊后相比,界面 IMC 的形状和尺寸均发生了变化。SAC305 晶粒由多边形柱状生长为更加粗壮的圆柱状;SAC0705 晶粒发生了大面积合并,最终形成了扁平的多边形状;SAC0705－Bi－Ni 表现为两种形态,一部分继续保持原来的蠕虫状,一部分生长为细长的柱状。

12.1.2　界面 IMC 层厚度

　　图 12.5 为回流焊后及热时效后三种钎料界面 IMC 层厚度变化情况。回流焊后 SAC305、SAC0705、SAC0705－Bi－Ni 三种钎料界面 IMC 层厚度分别为 9.31 μm、6.88 μm、4.65 μm,三种钎料界面 IMC 层厚度逐渐减薄。焊点在

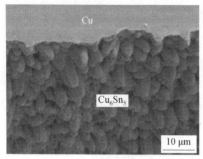

(a) SAC305

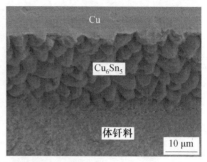

(b) SAC0705

(c) SAC0705-Bi-Ni

图 12.3　回流焊后不同成分焊点界面 IMC 微观形貌

(a) SAC305

(b) SAC0705

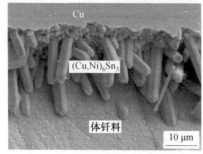

(c) SAC0705-Bi-Ni

图 12.4　热时效后焊点界面 IMC 微观形貌(230 ℃,30 min)

230 ℃条件下保温 30 min 后,界面 IMC 层厚度有所增加,但由于焊点上下两侧散热条件不同(上侧与空气接触,下侧与铝板接触),焊点两侧界面 IMC 层厚度有所不同,取上下两侧界面 IMC 层厚平均值作为热时效后界面 IMC 层厚度。热时效后 SAC305、SAC0705、SAC0705－Bi－Ni 三种钎料界面 IMC 层厚度分别为 11.21 μm、7.05 μm、10.52 μm。界面 IMC 层厚度增加量由大到小的顺序依次为 SAC0705－Bi－Ni、SAC305、SAC0705。这种变化规律与回流焊后晶粒尺寸有关。回流焊后 SAC0705 焊点界面 IMC 晶粒尺寸最大,而 SAC0705－Bi－Ni 焊点界面 IMC 晶粒尺寸最小,如图 12.3 所示。焊点温度为 230 ℃条件下,钎料处于液态与基板之间的元素扩散方式属于固－液扩散。回流焊后界面 IMC 晶粒尺寸较小时,有利于 Cu 原子从基板向 IMC/体钎料界面及 Sn 原子从体钎料向 Cu/IMC 界面通过晶界扩散的方式进行扩散,有利于界面 IMC 的形成。因此,热时效后 SAC0705－Bi－Ni 的界面 IMC 层厚度的增加量最多,而 SAC0705 界面 IMC 层厚度的增加量最少。

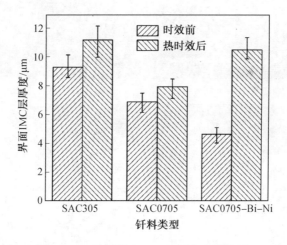

图 12.5　焊点界面 IMC 层厚度变化情况

12.2　微焊点抗电—热耦合时效性能比较

12.2.1　焊点及界面 IMC 微观形貌

图 12.6 为 SAC305、SAC0705、SAC0705－Bi－Ni 三种钎料焊点,在温度 $T=230$ ℃,电流密度 $j=0.5×10^4$ A/cm^2 条件下通电 30 min 后焊点及界面 IMC

的微观形貌。三种成分焊点两极界面均发生了明显的变化,阴极一侧焊盘被大量消耗,而阳极一侧界面 IMC 大量形成,焊点均发生了明显的电迁移现象。结合液态通电条件下阳极界面 IMC 的形态(图 9.15),可推测 SAC305 及 SAC0705 焊点阳极界面 IMC 均呈细长棒状,但 SAC0705 焊点中棒状表现得更细长,焊点截面中 IMC 层厚度更厚。对于 SAC0705－Bi－Ni 焊点,阳极界面 IMC 形态与 SAC305 及 SAC0705 有所不同,从截面形貌上看,阳极界面 IMC 并不连续,在钎料中近界面处有很多细小的 IMC 出现,原因主要是 Ni 元素的加入使电－热耦合作用下界面 IMC 的生长方向更加多样,且在界面 IMC 表面存在很多新形成的(Cu,Ni)$_6$Sn$_5$ 颗粒,如图 12.6(d)所示。

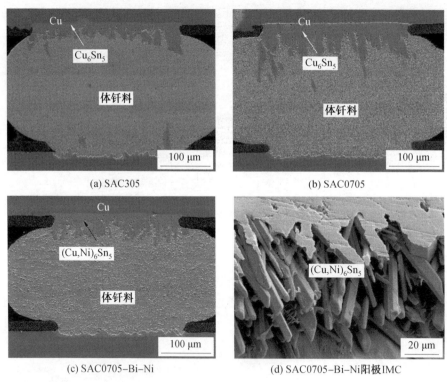

(a) SAC305　　　　　　　　　　(b) SAC0705

(c) SAC0705-Bi-Ni　　　　　(d) SAC0705-Bi-Ni阳极IMC

图 12.6　电－热耦合时效后焊点及界面 IMC 微观形貌(j＝0.5×10^{4}A/cm^2, T＝230 ℃,t＝30 min)

电－热耦合时效后,三种钎料焊点阴极界面 IMC 形貌,如图 12.7 所示。三种钎料阴极界面 IMC 晶粒尺寸不同,其中 SAC0705 晶粒尺寸最大,平均晶粒尺寸达 15 μm,其次为 SAC305,其晶粒尺寸约为 10 μm,而 SAC0705－Bi－Ni 晶粒尺寸最小,平均晶粒尺寸约为 3 μm。从界面 IMC 形貌上看,SAC0705 和

SAC305 形貌相似，但与 SAC0705－Bi－Ni 形貌有所不同。SAC0705 和 SAC305 呈不规则的多变形状，而 SAC0705－Bi－Ni 呈细小的蠕虫状。

(a) SAC305

(b) SAC0705

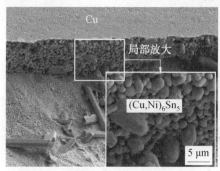
(c) SAC0705-Bi-Ni

图 12.7　电—热时效后阴极界面 IMC 形貌(0.5×10^4 A/cm^2，230 ℃，30 min)

12.2.2　阴极 Cu 焊盘消耗

回流焊后及电—热耦合时效（阴极）后三种钎料成分焊点截面 Cu 焊盘消耗量如图 12.8 所示。回流焊后，SAC305、SAC0705 和 SAC0705－Bi－Ni 三种钎料成分焊点 Cu 焊盘的消耗量逐渐减小，消耗量分别为 4.53 μm、3.97 μm、3.40 μm，与回流焊后三种钎料截面 IMC 层厚度变化趋势一致。回流焊过程中，焊盘消耗的 Cu 原子与体钎料内的 Sn 原子结合形成 Cu$_6$Sn$_5$ 界面化合物，形成的 Cu$_6$Sn$_5$ 越多，消耗的 Cu 原子越多，Cu 基板消耗的厚度越大。与回流焊后相比，电—热耦合时效后阴极 Cu 焊盘的消耗量明显增大。SAC305、SAC0705 和 SAC0705－Bi－Ni 三种钎料阴极 Cu 焊盘消耗的增加量分别为 9.45 μm、11.21 μm、7.36 μm。SAC0705 最大，其次为 SAC305，消耗量最小的为 SAC0705－Bi－Ni。主要是由钎料中微量元素的作用导致的，SAC305 中 Ag 含量高于 SAC0705,Ag 与 Sn 结合形成 Ag₃Sn 化合物,其熔点高抗电迁移能力强,且形态呈细长的针状,可阻碍钎料中其他元素的迁移。在低银钎料 SAC0705 中添加微量的 Bi、Ni 元素,明显改善了其抗电迁移性能,主要原因如下。

(1)Bi 原子虽不参加界面反应,但一般聚集在界面的晶界处,而电迁移过程中晶界为原子扩散迁移的主要通道,因此 Bi 原子的加入可以有效阻碍原子扩散,提高钎料的抗电迁移性能。

(2)钎料中加入 Ni 元素可以细化晶粒,提高界面 IMC 的形核率。电－热耦合作用下,Cu 原子从焊盘迁移进入体钎料,可以很快形核形成(CuNi)₆Sn₅,且(CuNi)₆Sn₅ 形核位置在(CuNi)₆Sn₅ 的晶界处,阻塞原子的扩散迁移通道,因此 Ni 元素的加入可以有效地抑制 Cu 原子从阴极向阳极的迁移,降低 Cu 焊盘的消耗速率。

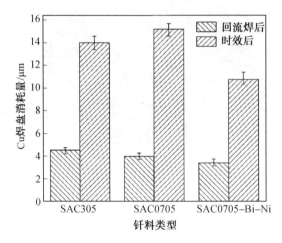

图 12.8　回流焊后及电－热耦合时效后三种钎料成分焊点截面 Cu 焊盘消耗量(0.5×10⁴ A/cm² , 230 ℃ , 30 min)

12.3　本章小结

回流焊、热时效及电－热耦合时效过程中,钎料中微量元素 Ag、Ni、Bi 的加入对界面 IMC 的晶粒尺寸及形貌有显著影响,最终影响焊点的抗热时效性能及抗电－热耦合时效性能。

回流焊过程中,微量元素 Ag 的增加导致回流焊后界面处及体钎料内部 Ag₃Sn 晶粒量增加,促进 Cu₆Sn₅ 晶粒的形核及长大。微量元素 Bi 不参加界面反应,而 Ni 元素的加入使界面化合物由 Cu_6Sn_5 转变为 $(Cu,Ni)_6Sn_5$,且界面 IMC 晶粒得到明显细化,但形态变化不明显。

热时效过程中,钎料中 Ag 元素的增加抑制了晶粒间的合并,使晶粒由多边形柱状生长为多边形圆柱状。Ni 元素的添加使晶粒呈现细长的柱状及蠕虫状两种形态,同时晶粒尺寸得到明显细化。

电—热耦合时效过程中,微量元素 Ag、Bi、Ni 的加入均提高了阴极界面 IMC 的形核率,细化了 IMC 晶粒尺寸,同时提高了焊点的抗电—热耦合时效性能。

第二篇参考文献

[1] LEE J C B, WU S, CHOU H L, et al. Development of lead-free flip chip package and its reliability [C]//ASME 2003 international electronic packaging technical conference and exhibition, July 6-11, 2003, Maui, Hawaii, USA. 2009.

[2] 何洪文, 赵海燕, 马立民, 等. Cu/Sn3.0Ag0.5Cu/Cu 焊点电迁移过程中界面应力演变的研究[J]. 稀有金属材料与工程, 2012, 41(S2): 401-404.

[3] LIU H Y, ZHU Q S, WANG Z G, et al. Effects of Zn addition on electromigration behavior of Sn-1Ag-0.5Cu solder interconnect[J]. Journal of materials science: materials in electronics, 2013, 24(1): 211-216.

[4] KIM J H, LEE Y C, LEE S M, et al. Effect of surface finishes on electromigration reliability in eutectic Sn-58Bi solder joints [J]. Microelectronic engineering, 2014, 120: 77-84.

[5] BROCK D C. Understanding Moore's law: four decades of innovation [M]. Philadelphia, Pa.: Chemical Heritage Foundation, 2006: 98-100.

[6] CHINEN S M, SINIAWSKI M T. Overview of fatigue failure of Pb-free solder joints in CSP/BGA/flip-chip applications [J]. Journal of microelectronics and electronic packaging, 2009, 6(3): 149-153.

[7] KUMAR A, YANG Y, WONG C C, et al. Effect of electromigration on the mechanical performance of Sn-3.5Ag solder joints with Ni and Ni-P metallizations[J]. Journal of electronic materials, 2009, 38(1): 78-87.

[8] JEONG M H, KIM J W, KWAK B H, et al. Effects of annealing and current stressing on the intermetallic compounds growth kinetics of Cu/thin Sn/Cu bump[J]. Microelectronic engineering, 2012, 89: 50-54.

[9] ZUO Y, MA L M, LIU S H, et al. The coupling effects of thermal cycling and high current density on Sn58Bi solder joints[J]. Journal of materials science, 2013, 48(6): 2318-2325.

[10] LAURILA T, KARPPINEN J, LI J, et al. Effect of isothermal annealing and electromigration pre-treatments on the reliability of solder interconnections under vibration loading[J]. Journal of materials science: materials in electronics, 2013, 24(2): 644-653.

[11] MA L M, ZUO Y, LIU S H, et al. The failure models of Sn-based solder joints under coupling effects of electromigration and thermal cycling[J]. Journal of applied physics, 2013, 113(4): 044904.

[12] PUTTLITZ K J, STALTER K A. Handbook of lead-free solder technology for microelectronic assemblies [M]. New York: Marcel Dekker, 2004.

[13] PAUL S H, THOMAS K, THOMAS KWOK. Electromigration in metals[J]. Reports on progress in physics, 1989, 52: 301-348.

[14] FIKS V B. On the mechanism of the mobility of ions in metals[J]. Sov Phys solid state, 1959, 1: 14.

[15] BLECH I A, MEIERAN E S. Direct transmission electron microscope observation of electrotransport in aluminum thin films[C]//6th Annual Reliability Physics Symposium (IEEE). Los Angeles, CA, USA. IEEE, 1967: 147.

[16] BRANDENBURG S, YEH S. Electromigration studies of flip chip bump solder joints [C]. Processing of the Surface mount International Conference and Exposition: San Jose, 1998: 337-344.

[17] CHAN Y C, YANG D. Failure mechanisms of solder interconnects under current stressing in advanced electronic packages [J]. Progress in materials science, 2010, 55(5): 428-475.

[18] LIN Y W, KE J H, CHUANG H Y, et al. Electromigration in flip chip solder joints under extra high current density[J]. Journal of applied physics, 2010, 107(7): 073516.

[19] LIANG S W, CHIU S H, CHEN C. Effect of Al-trace degradation on Joule heating during electromigration in flip-chip solder joints[J]. Applied physics letters, 2007, 90(8): 082103.

[20] CHANG Y W, CHIANG T H, CHEN C. Effect of void propagation on

bump resistance due to electromigration in flip-chip solder joints using Kelvin structure[J]. Applied physics letters, 2007, 91(13): 132113.

[21] LIANG Y C, TSAO W A, CHEN C, et al. Influence of Cu column under-bump-metallizations on current crowding and Joule heating effects of electromigration in flip-chip solder joints [J]. Journal of applied physics, 2012, 111(4): 043705.

[22] YAO Y, KEER L M, FINE M E. Electromigration effect on pancake type void propagation near the interface of bulk solder and intermetallic compound[J]. Journal of applied physics, 2009, 105(6): 063710.

[23] LIANG S W, CHANG Y W, CHEN C. Effect of Al-trace dimension on Joule heating and current crowding in flip-chip solder joints under accelerated electromigration [J]. Applied physics letters, 2006, 88 (17): 172108.

[24] 尹立孟, 张新平. 无铅微互连焊点力学行为尺寸效应的试验及数值模拟 [J]. 机械工程学报, 2010, 46(2): 55-60.

[25] TU K N. Recent advances on electromigration in very-large-scale-integration of interconnects[J]. Journal of applied physics, 2003, 94(9): 5451-5473.

[26] CHOI W J, YEH E C C, TU K N. Mean-time-to-failure study of flip chip solder joints on Cu/Ni(V)/Al thin-film under-bump-metallization[J]. Journal of applied physics, 2003, 94(9): 5665-5671.

[27] CHEN C, LIANG S W. Electromigration issues in lead-free solder joints [J]. Journal of materials science: materials in electronics, 2007, 18(1): 259-268.

[28] CHIANG K N, LEE C C, LEE C C, et al. Current crowding-induced electromigration in SnAg3. 0Cu0. 5 microbumps [J]. Applied physics letters, 2006, 88(7): 072102.

[29] YE H, BASARAN C, HOPKINS D. Thermomigration in Pb-Sn solder joints under joule heating during electric current stressing[J]. Applied physics letters, 2003, 82(7): 1045-1047.

[30] CHUANG Y C, LIU C Y. Thermomigration in eutectic SnPb alloy[J].

Applied physics letters, 2006, 88(17): 174105.

[31] HSU Y C, SHAO T L, YANG C J, et al. Electromigration study in SnAg3. 8Cu0. 7 solder joints on Ti/Cr-Cu/Cu under-bump metallization [J]. Journal of electronic materials, 2003, 32(11): 1222-1227.

[32] ZENG K, TU K N. Six cases of reliability study of Pb-free solder joints in electronic packaging technology[J]. Materials science and engineering: R: reports, 2002, 38(2): 55-105.

[33] HUANG Y T, HSU H H, WU A T. Electromigration-induced back stress in critical solder length for three-dimensional integrated circuits[J]. Journal of applied physics, 2014, 115(3): 034904.

[34] BLACK J R. Electromigration—a brief survey and some recent results [J]. IEEE transactions on electron devices, 1969, 16(4): 338-347.

[35] HUNTINGTON H B, GRONE A R. Current-induced marker motion in gold wires[J]. Journal of physics and chemistry of solids, 1961, 20(1/2): 76-87.

[36] 张元祥. 多物理场下金属微互连结构的电迁移失效及数值模拟研究[D]. 杭州: 浙江工业大学, 2012.

[37] BASARAN C, YE H, HOPKINS D C, et al. Failure modes of flip chip solder joints under high electric current density[J]. Journal of electronic packaging, 2005, 127(2): 157-163.

[38] HUANG A T, GUSAK A M, TU K N, et al. Thermomigration in SnPb composite flip chip solder joints[J]. Applied physics letters, 2006, 88 (14): 141911.

[39] GU X, YUNG K C, CHAN Y C, et al. Thermomigration and electromigration in Sn8Zn3Bi solder joints [J]. Journal of materials science: materials in electronics, 2011, 22(3): 217-222.

[40] LIANG S W, CHANG Y W, SHAO T L, et al. Effect of three-dimensional current and temperature distributions on void formation and propagation in flip-chip solder joints during electromigration[J]. Applied physics letters, 2006, 89(2): 022117.

[41] CHEN W Y, CHIU T C, LIN K L, et al. Electro recrystallization of in-

termetallic compound in the Sn0. 7Cu solder joint[J]. Intermetallics, 2012, 26: 40-43.

[42] SHEWMON P. Diffusion in solids[M]. 2nd ed. The Minerals, Materials Society, 1989: 246.

[43] CHEN H Y, LIN H W, LIU C M, et al. Thermomigration of Ti in flip-chip solder joints[J]. Scripta materialia, 2012, 66(9): 694-697.

[44] NGUYEN H V, SALM C, KRABBENBORG B, et al. Effect of thermal gradients on the electromigration life-time in power electronics[C]//2004 IEEE International Reliability Physics Symposium: Phoenix, AZ, USA. IEEE, 2004: 619-620.

[45] BLECH I A, HERRING C. Stress generation by electromigration[J]. Applied physics letters, 1976, 29(3): 131-133.

[46] BLECH I A. Electromigration in thin aluminum films on titanium nitride [J]. Journal of applied physics, 1976, 47(4): 1203-1208.

[47] 常红, 李明雨. SnAgCu 焊点电迁移诱发 IMC 阴极异常堆积[J]. 电子元件与材料, 2011, 30(4): 50-52.

[48] OUYANG F Y, CHEN K, TU K N, et al. Effect of current crowding on whisker growth at the anode in flip chip solder joints[J]. Applied physics letters, 2007, 91(23): 231919.

[49] CHRISTOU A. Electromigration and electronic device degradation[M]. USA: Wiley-Interscience, 1993: 243-245.

[50] KE J H, YANG T L, LAI Y S, et al. Analysis and experimental verification of the competing degradation mechanisms for solder joints under electron current stressing[J]. Acta materialia, 2011, 59(6): 2462-2468.

[51] GAN H, TU K N. Polarity effect of electromigration on kinetics of inter-metallic compound formation in Pb-free solder V-groove samples[J]. Journal of applied physics, 2005, 97(6): 063514.

[52] XU L H, LIANG S W, XU D, et al. Electromigration failure with thermal gradient effect in SnAgCu solder joints with various UBM[C]// 2009 59th Electronic Components and Technology Conference. San Diego,

CA, USA. IEEE, 2009: 909-913.

[53] HAN J K, CHOI D, FUJIYOSHI M, et al. Current density redistribution from no current crowding to current crowding in Pb-free solder joints with an extremely thick Cu layer[J]. Acta materialia, 2012, 60(1): 102-111.

[54] LAI Y S, CHIU Y T, CHEN J. Electromigration reliability and morphologies of Cu pillar flip-chip solder joints with Cu substrate pad metallization[J]. Journal of electronic materials, 2008, 37 (10): 1624-1630.

[55] CHIU M Y, WANG S S, CHUANG T H. Intermetallic compounds formed during interfacial reactions between liquid Sn-8Zn-3Bi solders and Ni substrates[J]. Journal of electronic materials, 2002, 31(5): 494-499.

[56] OTHMAN R, BINH D N, ISMAIL A B, et al. Effects of current density on the formation and microstructure of Sn-9Zn, Sn-8Zn-3Bi and Sn-3Ag-0. 5Cu solder joints[J]. Intermetallics, 2012, 22: 1-6.

[57] CHEN C M, HUANG C C. Effects of silver doping on electromigration of eutectic SnBi solder[J]. Journal of alloys and compounds, 2008, 461(1/2): 235-241.

[58] CHEN C M, HUANG C C, LIAO C N, et al. Effects of copper doping on microstructural evolution in eutectic SnBi solder stripes under annealing and current stressing[J]. Journal of electronic materials, 2007, 36(7): 760-765.

[59] LU M H, SHIH D Y, KANG S K, et al. Effect of Zn doping on SnAg solder microstructure and electromigration stability[J]. Journal of applied physics, 2009, 106(5): 053509.

[60] HE H W, XU G C, GUO F. Effect of small amount of rare earth addition on electromigration in eutectic SnBi solder reaction couple[J]. Journal of materials science, 2009, 44(8): 2089-2096.

[61] LIN H J, LIN J S, CHUANG T H. Electromigration of Sn-3Ag-0. 5Cu and Sn-3Ag-0. 5Cu-0. 5Ce-0. 2Zn solder joints with Au/Ni(P)/Cu and Ag/Cu pads[J]. Journal of alloys and compounds, 2009, 487(1/2): 458-465.

[62] LIN H J, CHUANG T H. The effect of 0.5wt.% Ce additions on the electromigration of Sn9Zn BGA solder packages with Au/Ni(P)/Cu and Ag/Cu pads[J]. Materials letters, 2010, 64(4): 506-509.

[63] CHAE S H, ZHANG X F, CHAO H L, et al. Electromigration lifetime statistics for Pb-free solder joints with Cu and Ni UBM in plastic flip-chip packages[C]//56th Electronic Components and Technology Conference. San Diego, CA. IEEE, 2006.

[64] KE J H, CHUANG H Y, SHIH W L, et al. Mechanism for serrated cathode dissolution in Cu/Sn/Cu interconnect under electron current stressing[J]. Acta materialia, 2012, 60(5): 2082-2090.

[65] WONG C K, PANG J H L, TEW J W, et al. The influence of solder volume and pad area on Sn-3.8Ag-0.7Cu and Ni UBM reaction in reflow soldering and isothermal aging[J]. Microelectronics reliability, 2008, 48 (4): 611-621.

[66] CHANG C C, LIN Y W, WANG Y W, et al. The effects of solder volume and Cu concentration on the consumption rate of Cu pad during reflow soldering[J]. Journal of alloys and compounds, 2010, 492(1/2): 99-104.

[67] CHOI W K, KANG S K, SHIH D Y. A study of the effects of solder volume on the interfacial reactions in solder joints using the differential scanning calorimetry technique[J]. Journal of electronic materials, 2002, 31(11): 1283-1291.

[68] OURDJINI A, AZMAH HANIM M A, JOYCE KOH S F, et al. Effect of solder volume on interfacial reactions between eutectic Sn-Pb and Sn-Ag-Cu solders and Ni(P)-Au surface finish[C]//2006 Thirty-First IEEE/CPMT International Electronics Manufacturing Technology Symposium. Petaling Jaya, Malaysia. IEEE, 2006: 437-442.

[69] TUNCA N, DELAMORE G W, SMITH R W. Corrosion of Mo, Nb, Cr, and Y in molten aluminum[J]. Metallurgical transactions A, 1990, 21(11): 2919-2928.

[70] HÄÁÁRTER S, DOHLE R, REINHARDT A, et al. Reliability study of

lead-free flip-chips with solder bumps down to 30 μm diameter[C]//2012 IEEE 62nd Electronic Components and Technology Conference. San Diego, CA, USA: IEEE, 2012: 583-589.

[71] 何洪文, 徐广臣, 郭福. 电迁移促进 Cu/Sn-58Bi/Cu 焊点阳极界面 Bi 层形成的机理分析[J]. 焊接学报, 2010, 31(10): 35-38.

[72] WU B Y, ALAM M O, CHAN Y C, et al. Joule heating enhanced phase coarsening in Sn37Pb and Sn3.5Ag0.5Cu solder joints during current stressing[J]. Journal of electronic materials, 2008, 37(4): 469-476.

[73] DENG W J, LIN K L, CHIU Y T, et al. Electromigration-induced accelerated consumption of Cu pad in flip chip Sn2.6Ag solder joints[C]// 2011 IEEE 61st Electronic Components and Technology Conference (ECTC). Lake Buena Vista, FL, USA. IEEE, 2011: 114-117.

[74] MA L M, XU G C, SUN J, et al. Effects of Co additions on electromigration behaviors in Sn-3.0Ag-0.5Cu-based solder joint[J]. Journal of materials science, 2011, 46(14): 4896-4905.

[75] WANG C H, KUO C Y, CHEN H H, et al. Effects of current density and temperature on Sn/Ni interfacial reactions under current stressing[J]. Intermetallics, 2011, 19(1): 75-80.

[76] ZHANG L Y, OU S Q, HUANG J, et al. Effect of current crowding on void propagation at the interface between intermetallic compound and solder in flip chip solder joints[J]. Applied physics letters, 2006, 88(1): 012106.

[77] YANG D. Study on reliability of flip chip solder interconnects for high current density packaging[D]. Hong Kong: City University of Hong Kong, 2008: 35-40.

[78] NAH J W, REN F, PAIK K W, et al. Effect of electromigration on mechanical shear behavior of flip chip solder joints[J]. Journal of materials research, 2006, 21(3): 698-702.

[79] REN F, NAH J W, TU K N, et al. Electromigration induced ductile-to-brittle transition in lead-free solder joints[J]. Applied physics letters, 2006, 89(14): 141914.

[80] 姚健，卫国强，石永华，等. 电迁移极性效应及其对 Sn-3.0Ag-0.5Cu 无铅焊点拉伸性能的影响[J]. 中国有色金属学报，2011，21(12)：3094-3099.

[81] 尹立孟，张新平. 电迁移致无铅钎料微互连焊点的脆性蠕变断裂行为[J]. 电子学报，2009，37(2)：253-257.

[82] 王家兵. 低银无铅焊点电迁移性能的研究[D]. 哈尔滨：哈尔滨理工大学，2012.

[83] HO C E, YANG S C, KAO C R. Interfacial reaction issues for lead-free electronic solders [J]. Journal of materials science：Materials in electronics，2007，18(1)：155-174.

[84] CHAO B H L, ZHANG X F, CHAE S H, et al. Recent advances on kinetic analysis of electromigration enhanced intermetallic growth and damage formation in Pb-free solder joints[J]. Microelectronics reliability，2009，49(3)：253-263.

[85] CHAO B, CHAE S H, ZHANG X F, et al. Investigation of diffusion and electromigration parameters for Cu-Sn intermetallic compounds in Pb-free solders using simulated annealing[J]. Acta materialia，2007，55(8)：2805-2814.

[86] CHEN C M, CHEN S W. Electromigration effect upon the Zn/Ni and Bi/Ni interfacial reactions[J]. Journal of electronic materials，2000，29(10)：1222-1228.

[87] HUNG Y M, CHEN C M. Electromigration of Sn-9 wt. ％ Zn solder[J]. Journal of electronic materials，2008，37(6)：887-893.

[88] CHEN C M, HUNG Y M, LIN C H. Electromigration of Sn-8wt. ％ Zn-3wt. ％ Bi and Sn-9wt. ％ Zn-1wt. ％ Cu solders[J]. Journal of alloys and compounds，2009，475(1/2)：238-244.

[89] YAMANAKA K, TSUKADA Y, SUGANUMA K. Electromigration effect on solder bump in Cu/Sn-3Ag-0. 5Cu/Cu system [J]. Scripta materialia，2006，55(10)：867-870.

[90] LIM G T, PARK Y B. Microstructural evidence of the chemical driving force in eutectic SnPb electromigration [J]. Current applied physics，2011，11(4)：S115-S118.

［91］ XU L H, PANG J H L. Effect of thermal and electromigration exposure on solder joint board level drop reliability［C］//2006 8th Electronics Packaging Technology Conference. Singapore. IEEE, 2006: 570-575.

［92］ CHUANG H Y, CHEN W M, SHIH W L, et al. Critical new issues relating to interfacial reactions arising from low solder volume in 3D IC packaging［C］//2011 IEEE 61st Electronic Components and Technology Conference (ECTC). Lake Buena Vista, FL, USA. IEEE, 2011: 1723-1728.

［93］ CHEN L D, HUANG M L, ZHOU S M. Effect of electromigration on intermetallic compound formation in line-type Cu/Sn/Cu interconnect［J］. Journal of alloys and compounds, 2010, 504(2): 535-541.

［94］ LU Y D, HE X Q, EN Y F, et al. Polarity effect of electromigration on intermetallic compound formation in SnPb solder joints［J］. Acta materialia, 2009, 57(8): 2560-2566.

［95］ GU X, YANG D, CHAN Y C, et al. Effects of electromigration on the growth of intermetallic compounds in Cu/SnBi/Cu solder joints［J］. Journal of materials research, 2008, 23(10): 2591-2596.

［96］ ONISHI M, FUJIBUCHI H. Reaction-diffusion in the Cu-Sn system［J］. Transactions of the Japan institute of metals, 1975, 16(9): 539-547.

［97］ 刘洋. SnAgCu/Cu 微焊点界面 IMC 演变及脆断分析［D］. 哈尔滨：哈尔滨理工大学, 2008.